LEÇONS ÉLÉMENTAIRES

D'ARITHMÉTIQUE

THÉORIQUE ET PRATIQUE

A L'USAGE DES ÉCOLES SECONDAIRES ET PRIMAIRES

COMPRENANT

LES MATIÈRES EXIGÉES POUR LE BACCALAURÉAT ÈS-LETTRES

ACCOMPAGNÉES

D'UN CHOIX D'EXERCICES ET DE PROBLÈMES GRADUÉS

Par l'Abbé ***

Professeur au Petit-Séminaire de Saint-Pierre,
Bachelier ès-sciences mathématiques.

TOULOUSE

ÉDOUARD PRIVAT, LIBRAIRE-ÉDITEUR,

RUE DES TOURNEURS, 45, HOTEL SIPIÈRE

PARIS | **LYON,**

J.-B. PÉLAGAUD et Comp., lib., | J.-B. PÉLAGAUD et Comp., lib.
rue des Saints-Pères, 57. | Grande rue Mercière, 50.

1860.

LEÇONS ÉLÉMENTAIRES

D'ARITHMÉTIQUE

THÉORIQUE ET PRATIQUE

A L'USAGE

DES ÉCOLES SECONDAIRES ET PRIMAIRES

COMPRENANT

LES MATIÈRES EXIGÉES POUR LE BACCALAURÉAT ÈS-LETTRES

Accompagnées d'un choix d'Exercices et de Problèmes gradués

Par l'Abbé ***

Professeur au Petit-Séminaire de Saint-Pierre,
Bachelier ès-sciences mathématiques.

TOULOUSE

ÉDOUARD PRIVAT, LIBRAIRE-ÉDITEUR,
rue des Tourneurs, 45, hôtel Sipière.

PARIS	**LYON**
J.-B. PÉLAGAUD et C°, libraires, rue des Saints-Pères, 57.	J.-B. PÉLAGAUD et C°, libraires Grande rue Mercière, 50.

1860

Propriété de l'Editeur.

Nous marquons d'astériques les parties que les commençants
feront bien d'omettre.

TOULOUSE. — Typographie Bonnal et Gibrac, rue Saint-Rome, 46.

PRÉFACE.

Si la simplicité et la clarté doivent être le caractère distinctif des livres qu'on met entre les mains des enfants, on comprend que jamais ces qualités ne sont plus nécessaires que lorsqu'il s'agit d'un livre élémentaire d'Arithmétique.

Bien exposer les principes de la numération, qui sont le fondement de cette science ; donner des définitions précises ; indiquer, par des exemples bien choisis et des règles faciles à retenir, les opérations à faire ; s'en tenir aux théories les plus usuelles, et surtout éviter avec soin toute complication inutile ; tel doit être, ce semble, le but de cet enseignement, avant tout pratique.

L'aurons-nous atteint mieux que tant d'autres ? C'est ce que nous nous garderons bien de penser ; mais mettant à profit un long enseignement, nous avons appris des élèves eux-mêmes quelles étaient les définitions, les méthodes, les démonstrations qu'ils saisissaient le mieux, et c'est à celles-là que nous avons donné la préférence, sans rien relâcher toutefois d'une juste rigueur dans le raisonnement.

Ainsi, pour la numération, nous exposons dans la partie pratique de notre livre, une méthode qui nous a toujours bien réussi, et qui est la clé non seulement de l'intelligence des nombres entiers et décimaux, mais encore et surtout de celle du système métrique. Ceux qui ont eu à former des commençants savent combien il est difficile de les initier à ces premières notions, pourtant indispensables.

L'exposition du système métrique a été pour nous l'objet d'un soin tout particulier, et nous nous sommes attaché à parler aux yeux en même temps qu'à l'esprit. Nous renvoyons, comme exemple, à la figure du mètre cube, qu'on trouvera dans notre livre (p. 251). Il est impossible qu'en la voyant, l'enfant ne comprenne pas la différence qu'il y a entre un dixième du mètre cube et un décimètre cube, entre un centième du mètre cube et un centimètre cube, ainsi que la subordination des unités secondaires à l'unité principale. Après avoir saisi des yeux ces différences, nous ne pensons pas que l'enfant puisse les oublier.

Pareillement, pour la solution des problèmes qui dépendent des proportions, nous les avons tous résolus par la méthode dite de *réduction à l'unité*, méthode la plus simple et la plus expéditive de toutes; et, s'il la pratique quelque temps, telle que nous l'exposons, l'élève sera bientôt à même de distinguer par lui-même quand les grandeurs croissent dans un rapport direct ou dans un rapport inverse.

Enfin, nous devons dire que, tout en visant à être clair, nous avons cherché à être complet, du moins pour ce qui fait partie du programme du baccalauréat ès-lettres; et c'est dans ce but que nous nous sommes un peu étendu sur les approximations décimales, marquant d'astérisques les parties qui pourraient être omises par les commençants.

Pour mieux faire marcher la pratique à côté de la théorie, nous avons mis au bas de chaque page, en caractères différents, les exercices et problèmes qui s'y rapportent, au lieu de les renvoyer à la fin du chapitre ou à la fin du livre; et même, selon nous, la partie pratique devrait toujours précéder la partie théorique.

Quant aux problèmes, nous avons pris à tâche de les choisir et de les graduer plutôt que de les multiplier, et nous devons dire que quelques-uns ont été proposés par des commissions publiques d'examen. Au reste, en tête de chaque sorte de problèmes, figure ordinairement un problème raisonné, destiné à servir d'exemple pour les suivants.

Puisse ce faible travail, entrepris dans l'intérêt d'une jeunesse qui nous est chère, servir à lui aplanir les premières difficultés d'une science qu'on n'a pas grand mérite à connaître, mais qu'il serait aujourd'hui honteux et souvent préjudiciable d'ignorer[1].

---

[1] Pour l'usage des basses classes, le questionnaire, avec les réponses, a été placé à la fin du livre, et des renvois indiquent les exercices et problèmes à prendre dans le corps de l'ouvrage.

ÉLÉMENTS
D'ARITHMÉTIQUE.

LIVRE PREMIER.

NOTIONS PRÉLIMINAIRES.

L'*arithmétique* est la science des nombres.

Un *nombre* est le résultat de la comparaison d'une quantité avec son unité.

Ainsi, que je compare la longueur d'un mur que je voudrais mesurer à celle du mètre (le mètre est l'unité), si celui-ci y est contenu sept fois exactement, *sept* sera un nombre.

L'*unité* est la quantité prise pour terme de comparaison.

C'est le *mètre* pour les longueurs, le *franc* pour les monnaies, le *gramme* pour les poids. Elle est, le plus souvent, arbitraire; mais il faut qu'elle soit de même

---

L'expérience démontrant que les commençants sont surtout arrêtés par la difficulté de bien écrire et de bien poser les nombres énoncés, nous allons proposer une série d'exercices adaptés à une méthode qui a toujours bien réussi.

Après avoir fait écrire à l'élève les initiales de chacun des ordres d'unités, plus ou moins selon sa force, on lui dira de poser les nombres ci-dessous, comme pour faire une addition.

nature que la quantité qu'on veut mesurer. On ne peut mesurer les longueurs qu'avec une longueur, les surfaces qu'avec une surface, etc.

On appelle *quantité*, en général, tout ce qui est susceptible d'augmentation ou de diminution.

Telles sont les longueurs, les monnaies, les poids, etc.

Parmi les nombres, on distingue les nombres *abstraits* et les nombres *concrets*.

Le *nombre abstrait* est celui où l'on ne désigne pas la nature des choses dont il s'agit, et le *nombre concret* est celui où la nature des choses est désignée.

Sept, quatorze sont des nombres abstraits; sept mètres, quatorze francs sont des nombres concrets.

L'arithmétique étudie, en général, les nombres en tant qu'abstraits.

Elle n'est qu'une branche des mathématiques. Elle apprend à opérer et à raisonner sur les nombres, et d'abord à les former, à les énoncer et à les écrire, objet de la numération.

---

1) Nous allons d'abord présenter le tableau des initiales au complet, tel qu'on pourrait l'écrire une fois pour toutes en tête du tableau noir :

4ᵉ classe. Billions.			3ᵉ classe. Millions.			2ᵉ classe. Mille.			1ʳᵉ classe. Unités simples.		
centaines.	dizaines.	unités.	centaines.	dizaines.	unités.	centaines.	dizaines.	unités.	centaines.	dizaines.	unités.
C	D	U	C	D	U	C	D	U	C	D	U

Ordres : 12ᵉ 11ᵉ 10ᵉ   9ᵉ 8ᵉ 7ᵉ   6ᵉ 5ᵉ 4ᵉ   3ᵉ 2ᵉ 1ᵉʳ ordres.

Avant d'entreprendre les exercices qui suivent, on pourra faire à l'élève les questions suivantes ou semblables :

2) Où est la place des unités, des dizaines, des centaines de la 1ʳᵉ classe?

3) La place des unités, des dizaines, des centaines de la 2ᵉ, de la 3ᵉ, de la 4ᵉ classe?

4) Comment appelez-vous la 1ʳᵉ, la 2ᵉ, la 3ᵉ, la 4ᵉ classe?

5) Où commence la 1ʳᵉ classe, et où finit-elle?

Première Leçon.

NUMÉRATION.

Pour former les nombres, il n'y a qu'à ajouter l'unité à elle-même ou aux nombres déjà obtenus.

§ I. NUMÉRATION PARLÉE.

1. Définition. — *La numération parlée est l'art d'énoncer les nombres.*

Comme on pourrait former des nombres à l'infini, et que la mémoire la plus heureuse ne suffirait pas à les retenir, si l'on donnait à chacun un nom particulier, il a fallu imaginer un système de simplification que nous allons exposer.

La base de ce système est le nombre *dix*, d'où lui vient le nom de *système décimal*.

2. Exposé du système. — Pour énoncer les neuf premiers nombres, on s'est servi des neuf mots suivants :

Unités simples.

Un, deux, trois, quatre, cinq, six, sept, huit, neuf.

Avec ces neuf mots et quelques autres, on a pu exprimer toute sorte de nombres.

---

6) Où commencent la 2ᵉ, la 3ᵉ, la 4ᵉ classe, et où finissent-elles?

7) Indiquer sur le tableau ci-dessus les unités du 1ᵉʳ ordre, du 5ᵉ, du 7ᵉ, etc.

8) A quel rang se trouvent les dizaines de mille, les unités de million, etc. ?

9) Entre quels ordres se trouvent placées les unités de mille, les dizaines d'unités simples, les centaines de million, etc. ?

10) Combien faut-il de centaines pour valoir une unité de mille, de dizaines de mille pour valoir une centaine de mille ?

11) Combien une centaine vaut-elle de dizaines, une unité de million de centaines de mille ?

Pour nous faire mieux comprendre, nous allons supposer qu'il s'agisse de nombrer les grains contenus dans un tas de blé.

Si on les retire d'abord un à un, on saura compter jusqu'à neuf; si, après cela, on en prend un de plus, on aura le nombre dix ou une *dizaine*, et l'on est convenu de regarder l'ensemble de ces dix grains ou la dizaine, comme une nouvelle unité d'un ordre supérieur (ordre des dizaines), et l'on a dit, comme pour les unités simples :

Dizaines.

Une, deux, trois, quatre, cinq, six, sept, huit, neuf,

ou

Dix, vingt, trente, quarante, cinquante, soixante, soixante-dix, quatre-vingt, quatre-vingt-dix.

et à présent, au lieu de retirer les grains un à un, on peut les retirer dix par dix, et à quelque dizaine que l'on s'arrête, faute de grains, le nombre des grains restants étant moindre que dix, on dira, si c'est après la première : dix-un ou *onze*, dix-deux ou *douze*, dix-trois ou *treize*, dix-quatre ou *quatorze*, dix-cinq ou *quinze*, dix-six ou *seize*, jusqu'à dix-neuf. Si c'est après la seconde : vingt-un, vingt-deux..... jusqu'à vingt-neuf; et ainsi des autres jusqu'à quatre-vingt-dix, quatre-vingt-onze, quatre-vingt-douze....., quatre-vingt-dix-neuf.

Si, à ce moment, on retire un grain de plus, on aura dix dizaines ou une centaine, et l'on est convenu de

---

12) Combien une centaine de mille vaut-elle de centaines d'unités simples? une dizaine de mille de dizaines d'unités simples? une unité de million de dizaines d'unités simples?

13) Un chiffre occupe le 2e, le 5e, le 6e..... rang; quelle espèce d'unités représente-t-il?

Une fois que l'élève possèdera bien son tableau, il écrira sous forme d'addition les nombres suivants, en faisant bien attention au premier ordre d'unités exprimées dans chaque nombre :

regarder la centaine comme une unité du troisième ordre (ordre des centaines) ; ce qui a permis de dire :

Centaines.

Une, deux, trois, quatre, cinq, six, sept, huit, neuf,
ou
Cent, deux cents, trois cents, quatre cents, cinq cents, six cents, sept cents, huit cents, neuf cents.

On pourra donc à présent, au lieu de retirer les grains dix par dix, les retirer cent par cent, et quelle que soit la centaine à laquelle il faille s'arrêter, les grains qui restent étant au-dessous de cent, si l'on s'arrête après la première, on dira : cent un, cent deux, cent trois....., jusqu'à cent quatre-vingt-dix-neuf ; ainsi des autres. Et si c'est après la dernière : neuf cent un, neuf cent deux, neuf cent trois....., jusqu'à neuf cent quatre-vingt-dix-neuf.

Arrivés à ce nombre, si on retire un grain de plus, on a dix centaines, ou une *unité de mille.*

Mille a été regardé comme une nouvelle CLASSE d'unités ayant ses unités, ses dizaines, ses centaines, comme la

	C D U C D I			C D U C D I			C D U C D I
14)	7		15)	86		16)	67
	24			356			84
	36			40			324
	9			89			74
	67			507			6
	3			604			94

	C D U C D I			C D U C D I			C D U C D I
17)	884		18)	89		19)	47
	1567			5			800
	5036			272			91
	300			99			1001
	77			202			30864
	9			67683			5089
				902			17

classe d'*unités simples* que nous venons de voir ; de sorte qu'on pourra retirer les grains, à présent, non plus par centaines, mais par groupes de dix centaines, c'est-à-dire par *unités de mille*, en ayant soin de se servir pour les grains restant, des neuf cent quatre-vingt-dix-neuf premiers nombres ; puis on les retirerait par groupes de *dizaines de mille*, en employant pour les grains restant les neuf mille neuf cent quatre-vingt-dix-neuf nombres précédents ; et enfin, il ne resterait plus qu'à les retirer par *centaines de mille* jusqu'à neuf cent mille ; et en faisant usage des quatre-vingt-dix-neuf *mille* neuf cent quatre-vingt-dix-neuf nombres déjà connus, l'on arriverait ainsi jusqu'au nombre neuf cent quatre-vingt-dix-neuf *mille* neuf cent quatre-vingt-dix-neuf.

A ce terme, un grain de plus donne le nombre mille fois mille ou *un million*, troisième classe qui a aussi ses unités, ses dizaines et ses centaines ; ce qui permet de faire des groupes de dix en dix fois plus forts, entre lesquels viennent s'intercaler tous les nombres des ordres précédents, et l'on arriverait ainsi jusqu'au nombre neuf cent quatre-vingt-dix-neuf *millions* neuf cent quatre-vingt-dix-neuf *mille* neuf cent quatre-vingt-dix-neuf.

---

20)	UCDUCDI	21)	DUCDUCDI	22)	UCDUCDI
	307		840076		29902
	8904		3602		3624
	39767		7228004		162587
	408702		369217		8007226
	365		65200327		4503
	1986224		39		64

23)	DUCDUCDI	24)	DUCDUCDI		UCDUCDI
	984007		60814		1004
	6524		3025709		20030
	3087002		3042		40017
	89621067		70050201		510306
	3580021		904303		7200061
	614		59		9050002

Un grain de plus donnerait le nombre *mille millions* ou *un billion,* ou *un milliard,* quatrième *classe* d'unités, et l'on ferait pour celles-ci et les suivantes *trillions, quatrillions.....,* comme pour les précédentes, en suivant toujours la même marche, jusqu'à ce qu'enfin on eût épuisé le tas de blé.

3. Résumé. — L'on voit donc :

1º *Que les unités des ordres vont de dix en dix*; une dizaine valant dix unités simples, une centaine dix dizaines, une unité de mille dix centaines; ainsi des autres.

2º *Que les unités des classes vont de mille en mille*; une unité de mille valant mille unités simples, une unité de million mille fois mille, une unité de milliard mille millions.

4. Avantages du système. — 1º Avec un très petit nombre de mots, une trentaine environ, on peut exprimer tous les nombres, ce qui est d'un grand et indispensable secours pour la mémoire. 2º L'énoncé seul d'un nombre permet, à première vue, de s'en faire une idée exacte, et

---

Ecrire de la même manière les nombres suivants :

25) 9, 23, 7, 89, 6, 34, 67, 82.
26) 36, 12, 3, 57, 74, 46, 92, 44, 8.
27) 30, 86, 40, 55, 37, 19, 72, 77, 80, 93.
28) 42, 307, 89, 604, 8, 99, 125, 500, 22, 7.
29) 822, 66, 34, 45, 89, 630, 794, 576, 91, 3561.
30) 2222, 382, 92, 1657, 4604, 756, 902.
31) 7004, 3006, 709, 79, 8960, 56, 30809, 514.
32) 56720, 4694, 378, 9002, 52882, 90909, 11503.
33) 13602, 24867, 11054, 190054, 67872, 1009, 372.
34) 72008, 891, 99256, 62007, 3008, 77609, 874.
35) 567926, 36329, 7804, 49569, 830, 56813, 3007.
36) 127854, 72856, 39702, 70007, 567009, 3084, 89.
37) 5679008, 36802, 1201892, 687926, 14972, 7989267.
38) 7600200923, 207380012, 2736457, 78974.

On peut multiplier et varier ces exercices, que nous regardons comme très importants.

par suite de comparer entre eux plusieurs nombres donnés.

5. Tableau de numération. — Le tableau suivant, écrit en chiffres, permet de saisir d'un simple coup d'œil l'ensemble du système :

UNITÉS SIMPLES.	1ʳᵉ CLASSE DES UNITÉS SIMPLES.								
1ᵉʳ ordre, unités..	1	2	3	4	5	6	7	8	9
2ᵉ ordre, dizaines.	10	20	30	40	50	60	70	80	90
3ᵉ ordre, centaines	100	200	300	400	500	600	700	800	900
MILLE.	2ᵉ CLASSE DES MILLE.								
4ᵉ ordre, unités...	1	2	3	4	5	6	7	8	9
5ᵉ ordre, dizaines.	10	20	30	40	50	60	70	80	90
6ᵉ ordre, centaines	100	200	300	400	500	600	700	800	900
MILLIONS.	3ᵉ CLASSE DES MILLIONS.								

Nota. — Il faut intercaler entre les intervalles d'une ligne quelconque, toutes les lignes supérieures ; par exemple, entre 10 et 20, entre 20 et 30…, les neuf premiers nombres ; entre 100 et 200, entre 200 et 300…, les 99 nombres des deux lignes supérieures, etc.

---

39) Prouver qu'en ajoutant un zéro au nombre 54, ce nombre est rendu dix fois plus grand.

40) Rendre 10, 100, 1000….. fois plus grands les nombres 58, 24, 36, 859.

41) Prouver qu'en supprimant un zéro au nombre 840, ce nombre est rendu dix fois plus petit.

§ II. Numération écrite.

6. Définition. — *La numération écrite est l'art d'écrire les nombres.* De même qu'avec peu de mots on a pu énoncer tous les nombres, on pourra également les écrire avec peu de caractères; ce sont les dix suivants :

1   2   3   4   5   6   7   8   9

Un, deux, trois, quatre, cinq, six, sept, huit, neuf.

pourvu qu'on admette la convention suivante.

7. Convention. — C'est que *tout chiffre placé à la gauche d'un autre exprimera des unités de l'ordre immédiatement supérieur.*

Exemples. — Ainsi, dans le nombre 54, le chiffre 5 exprimera des dizaines, parce qu'il est à la gauche du 4, qui exprime des unités.

Dans 354, le chiffre 3 exprimera des centaines, parce qu'il est à la gauche du 3, qui exprime des dizaines.

Dans 7354, le chiffre 7 exprimera des unités de mille, parce qu'il est à la gauche du 7, qui exprime des centaines.

8. Première conséquence. — Il suit de là que tout chiffre, dans un nombre, a une double valeur : la valeur *absolue* et la valeur *relative*.

La *valeur absolue* d'un chiffre est la valeur qu'il a par lui-même.

La *valeur relative* est celle qu'il a par le rang qu'il occupe. Ainsi, dans l'exemple précédent, le chiffre 5 vaut

---

42) Comment rendre 10, 100, 1000... fois plus petits les nombres 36000, 76000, 450000, 92000, etc.?

43) Rendre successivement 10, 100, 1000... fois plus grands, et 10, 100, 1000... fois plus petits les nombres 9, 45, 634.

44) Quels sont les avantages d'un système de numération?

cinq en valeur absolue, et cinq dizaines en valeur relative, parce qu'il est au rang des dizaines ; 3 vaut trois en valeur absolue, et trois centaines en valeur relative, parce qu'il est au rang des centaines.

Remarque. — Comme un ou plusieurs ordres pourraient venir à manquer dans un nombre, on les remplace au moyen du zéro (0). Ainsi, le nombre trois cent quatre n'ayant pas de dizaines, s'écrira 304.

Le nombre sept mille quatre, n'ayant que des unités de mille et des unités simples, s'écrira 7004.

9. Deuxième conséquence. — *Un zéro placé à la droite d'un nombre rend ce nombre dix fois plus grand.* Ainsi, 350 est dix fois plus grand que 35, car le chiffre 5, qui dans 35 exprime des unités simples, exprime dans 350 des dizaines, c'est-à-dire des unités dix fois plus grandes, et le 3, qui dans 35 exprime des dizaines, exprime des centaines dans 350, c'est-à-dire des unités encore dix fois plus grandes ; donc, le nombre entier 350 est devenu dix fois plus grand. On prouverait de même qu'en ajoutant deux, trois..... zéros, le nombre serait rendu 100, 1000..... fois plus grand.

Réciproquement, pour rendre 10, 100, 1000..... fois plus petit un nombre terminé par des zéros, il n'y aurait qu'à supprimer sur sa droite un, deux, trois.,... zéros. On le démontrerait en faisant voir que chaque chiffre devient 10, 100, 1000..... fois plus petit.

Exercices sur la 1re question.

45) 9, 34, 66, 54, 49, 84, 27, 65.
46) 79, 302, 57, 92, 624, 73, 94, 729.
47) 456, 972, 72, 678, 97, 719, 79, 293.
48) 71, 292, 95, 479, 994, 676, 597, 678.
49) 3004, 786, 5802, 309, 4029, 5600, 9002.
50) 42621, 5674, 45934, 7019, 59625, 19356.
51) 39802, 56606, 74892, 300007, 89024, 687735.
52) 239624, 92954, 542009, 469012, 586972.
53) 5900936, 89700425, 560034012, 2800340073.

Cela posé, on peut se faire deux questions correspondant à chacune des deux numérations.

1re QUESTION.

Enoncer un nombre écrit.

10. Règle.—— *On partage le nombre donné en tranches de 3 chiffres à partir de la droite; la première tranche à droite étant celle des unités simples, la seconde celle des mille, la troisième celle des millions, la quatrième celle des billions... Puis l'on énonce chaque tranche comme si elle était seule, en donnant à chacune le nom qui lui convient. La première tranche à gauche, qu'on énonce la première, pouvant d'ailleurs n'avoir qu'un ou deux chiffres.*

Exemple.—Ainsi le nombre 21315674318 se partagera, du moins par la pensée, de la manière suivante :

Billions	millions	mille	unités
21	315	647	318

et on dira, en commençant par la tranche des billions: vingt-un *billions*, trois cent quinze *millions*, six cent quarante-sept *mille*, trois cent dix-huit *unités.*

11. Remarque.—L'on voit en même temps que pour lire une tranche, après avoir dit par la pensée : *unités,*

Exercices sur la 2e question.

Le tableau des initiales étant écrit en tête du tableau noir, l'élève n'a qu'à faire attention aux plus hautes unités exprimées.

Ecrivez en chiffres les nombres suivants:

54) Trente-neuf; vingt-sept; soixante-quatre; cinquante-six; cinq.

55) Quarante-neuf; quatre-vingt-six; soixante-dix-sept; dix-neuf.

56) Quatre - vingt-douze ; cinquante - neuf ; quatre - vingt - sept ; soixante-dix-huit.

dizaines, centaines, on reprend dans l'ordre inverse, en lisant par ordre les centaines, les dizaines et les unités, et en se conformant aux règles de la nomenclature. Ainsi pour la tranche 318, après avoir reconnu où sont les centaines, les dizaines, les unités, on dira : trois cent dix-huit. De même pour les autres.

2ᵉ QUESTION.

Ecrire un nombre énoncé.

12. Règle. — I. *Pour écrire un nombre énoncé, s'il ne doit avoir qu'une tranche, on l'écrit dans l'ordre même qu'il est énoncé, en mettant les centaines avant les dizaines, les dizaines avant les unités, et en remplaçant par des zéros les ordres qui viendraient à manquer.*

Exemples. — Ainsi le nombre quatre cent vingt-trois s'écrira : 423, en commençant par les 4 centaines et en continuant par les 2 dizaines et les 3 unités.

Et le nombre cinq cent six s'écrira de même : 506, en ayant soin de mettre un zéro à la place des dizaines qui manquent.

13. — II. *Si le nombre doit avoir plusieurs tranches, on suit la même règle, c'est-à-dire qu'on écrit chaque tranche*

---

57) Trois cent cinquante-six; quatre cent trente-sept; cinq cent soixante-dix-sept.

58) Six cent neuf; sept cent dix; quatre-vingt-douze; neuf cent soixante-douze.

59) Cent neuf; deux cent trois; sept cent huit; cent un; huit cent douze.

60) Sept cent quatre-vingt-trois ; huit cent quatre-vingt-onze; soixante-trois; quatre cent soixante-dix-sept.

61) Douze *mille* sept; cinq *mille* cinquante-deux; quatre-vingt-deux *mille* huit; huit cent douze; sept *mille* trente-six.

comme si elle était seule, en allant de gauche à droite, et en commençant par la tranche de l'ordre le plus élevé, celle-ci pouvant avoir moins de trois chiffres.

Exemple. — Ainsi le nombre deux *billions* cinquante-quatre *millions* trente-sept *mille* cent vingt-quatre *unités* s'écrira :

2   054   037   124

Billions   millions   mille   unités

en mettant d'abord 2 pour les billions, 054 pour la tranche des millions, 037 pour celle des mille et 124 pour celle des unités, chaque tranche devant avoir trois chiffres, sauf la première, qui, dans ce nombre, n'en a qu'un.

---

62) Vingt-sept *mille* six cents; trente-neuf *mille* neuf ; dix-sept *mille* neuf; soixante-quatorze *mille* trente-huit.

63) Deux cent trois *mille* trois; six cent deux mille quatre-vingt-quatorze; soixante-sept *mille* cinquante-sept; huit *mille* deux.

64) Quatre-vingt-sept *mille* neuf cent douze; soixante-dix-sept *mille* deux; huit cent *mille* dix-neuf; sept cent *mille* cinq.

65) Trois *millions* deux cent deux *mille* six cent quatre! vingt-sept *millions* trois cent *mille* deux; vingt-quatre *mille* cinquante-six.

66) Huit cent huit *millions* trois cent *mille* deux cent quatre; soixante-onze *millions* douze *mille* quatre-vingt-quatre ; deux *billions* trois *millions* douze mille six cent vingt-trois.

Deuxième Leçon.

§ Ier.

ADDITION.

14. Définition. — *L'addition est une opération qui a pour but, plusieurs nombres étant donnés, de les réunir en un seul qu'on appelle somme ou total.*

Exercices sur l'Addition.

67) Pour savoir faire rapidement les additions, les commençants feront bien d'apprendre l'une des tables suivantes :

Première table.

2 et 2			font	4
2 et 3	ou	3 et 2	—	5
2 et 4	ou	4 et 2	—	6
2 et 5	ou	5 et 2	—	7
2 et 6	ou	6 et 2	—	8
2 et 7	ou	7 et 2	—	9
2 et 8	ou	8 et 2	—	10
2 et 9	ou	9 et 2	—	11
3 et 3			font	6
3 et 4	ou	4 et 3	—	7
3 et 5	ou	5 et 3	—	8
3 et 6	ou	6 et 3	—	9
3 et 7	ou	7 et 3	—	10
3 et 8	ou	8 et 3	—	11
3 et 9	ou	9 et 3	—	12
4 et 4			font	8
4 et 5	ou	5 et 4	—	9
4 et 6	ou	6 et 4	—	10
4 et 7	ou	7 et 4	—	11
4 et 8	ou	8 et 4	—	12
4 et 9	ou	9 et 4	—	13

5 et 5			font	10
5 et 6	ou	6 et 5	—	11
5 et 7	ou	7 et 5	—	12
5 et 8	ou	8 et 5	—	13
5 et 9	ou	9 et 5	—	14
6 et 6			font	12
6 et 7	ou	7 et 6	—	13
6 et 8	ou	8 et 6	—	14
6 et 9	ou	9 et 6	—	15
7 et 7			font	14
7 et 8	ou	8 et 7	—	15
7 et 9	ou	9 et 7	—	16
8 et 8			font	16
8 et 9	ou	9 et 8	—	17
9 et 9			font	18

15. Règle. — *On commence par écrire les nombres donnés les uns au dessous des autres, de manière que les unités soient sous les unités, les dizaines sous les dizaines,*

Deuxième table.

Manière de former la table. — Les neuf premiers nombres étant inscrits dans la première colonne verticale, et dans la première horizontale, on forme cette table par colonnes horizontales, en continuant la suite des nombres.

Sens vertical.									
0	1	2	3	4	5	6	7	8	9
1	2	3	4	5	6	7	8	9	10
2	3	4	5	6	7	8	9	10	11
3	4	5	6	7	8	9	10	11	12
4	5	6	7	8	9	10	11	12	13
5	6	7	8	9	10	11	12	13	14
6	7	8	9	10	11	12	13	14	15
7	8	9	10	11	12	13	14	15	16
8	9	10	11	12	13	14	15	16	17
9	10	11	12	13	14	15	16	17	18

Sens horizontal.

Manière de se servir de la table. — Les deux nombres qu'on additionne étant cherchés, l'un dans la première colonne horizontale, l'autre dans la première verticale, la case de rencontre donne la somme.

les centaines sous les centaines ; puis on additionne colonne par colonne, à partir de la droite, ayant soin de garder les dizaines de retenue provenant de la colonne des unités pour les porter à la colonne des dizaines, les centaines de retenue provenant de la colonne des dizaines pour les porter à la colonne des centaines. Ainsi des autres.

 Exemple. — Additionnez :

$$\begin{array}{r} 857 \\ 2464 \\ 49 \\ 3 \\ \hline 3373 \end{array}$$

On dira : 7 et 4 onze, 11 et 9 vingt, 20 et 3 vingt-trois ; je pose 3 et je retiens les 2 dizaines pour les porter à la colonne des dizaines. Puis, passant à la colonne des

---

 Soit à additionner :

68) 49+54+7+308+68+5+571.

69) 234+8+83+27+9+711+75+2.

70) 842+1256+47+789+4+67+256.

71) 3042+84+9+614+4635+74+752.

72) 27613+982+54×29+7503+8+7527+62.

73) 517+40780+19+62+75931+7+89.

74) 45203+8972+260+57+1860+92756+9+64.

75) 364+59006+6784+93212+2376+486+78250.

76) 42754+83913+58235+65842+84286.

77) 756219+92914+812789+62846+264701.

78) 912356+589+12354+884749+1234962.

79) 812071+3072+150046×49014+92+5904.

80) 216400+356900+42700+44900+564700+7164900.

81) 82750034+9340056+840046+90052+72680047.

82) Un propriétaire a vendu pour 3575 francs de bestiaux, pour 4560 francs de blé, pour 1525 francs de bois : combien a-t-il dû recevoir ?

83) On obtient annuellement en France, de l'espèce bovine, 302000000 kilogrammes ; de l'espèce ovine, 83000000 kil. ; de l'espèce porcine, 315000000 kil. ; quelle est la totalité de la viande ainsi obtenue ?

dizaines, on continue : 2 de retenue et 5 sept, 7 et 6 treize, 13 et 4 dix-sept; je pose 7 et je retiens la centaine pour la porter à la colonne des centaines. On fait de même pour les autres colonnes.

Démonstration. — La raison de cette règle est évidente; tous les nombres auront été ajoutés, si l'on additionne successivement toutes les parties dont ils se composent, c'est-à-dire les unités avec les unités, les dizaines avec les dizaines, les centaines avec les centaines, etc.

16. Remarque. — On pourrait commencer à additionner les colonnes par la gauche; mais comme, dans ce cas, l'on serait obligé de revenir sur ses pas et d'effacer les chiffres déjà posés pour y ajouter les unités de retenue provenant de la colonne suivante, il est plus simple de commencer par la droite, comme la règle le prescrit.

17. Preuve. — Pour faire la preuve de l'addition, on refait l'addition des colonnes dans le même ordre; seulement, au lieu d'aller de haut en bas, on va de bas en haut; car alors les chiffres ne se présentant pas dans le

---

84) L'Angleterre reçoit annuellement de la France 21600 hectolitres de vin, de l'Espagne 116000 hect., du Portugal 105000 hect.; combien reçoit-elle d'hectolitres en tout?

85) Une personne est née en 1817, à quelle époque aura-t-elle 63 ans?

86) Un particulier achète un domaine qui lui coûte 59752 francs, il y dépense en réparations 9835 francs, et il ne veut le revendre que tout autant qu'il y gagnera 12535 francs; combien faut-il qu'il en demande?

87) Orléans est à 119 kilomètres de Paris, Nevers à 115 kil. d'Orléans, Clermont à 146 kil. de Nevers, Rodez à 222 kil. de Clermont; quelle est la distance de Rodez à Paris?

88) Un marchand a reçu 3 ballots, dont le premier pèse le double du second, et le second le double du troisième, lequel pèse 175 kil.; dire le poids des deux premiers ballots?

même ordre, il est *bien probable* qu'on ne se trompera pas de la même manière.

18. Remarque. — Il n'est point, d'après cela, de preuve rigoureuse ; car l'on ne peut vérifier une opération que par une autre opération, laquelle demanderait, à son tour, une preuve. On conçoit, en effet, qu'il pourrait très bien se faire qu'on se fût trompé dans la seconde opération de la même quantité que dans la première, et alors la preuve ne prouverait rien : cependant, comme il est peu probable qu'il en arrive ainsi, on fera bien de ne pas négliger ces sortes de vérifications.

19. Notation. — Le signe de l'addition est le signe *plus* ($+$), qu'on accompagne quelquefois du signe *égale* ($=$). Ainsi $3 + 5 = 8$ se dit : 3 plus 5 égale 8.

---

89) Dans une famille composée de 5 membres, le père a 2 ans de plus que la mère, laquelle a le double de l'aîné de ses enfants : celui-ci a 2 ans de plus que le cadet, lequel a 3 ans de plus que le troisième, âgé de 15 ans. Dire l'âge du père, de la mère, de l'aîné et du cadet.

90) Un entrepreneur a occupé une première fois pendant 36 jours 18 ouvriers qui lui ont coûté 936 francs, une seconde fois pendant 57 jours 49 ouvriers auxquels il a distribué 5586 francs, et une troisième fois pendant 103 jours 78 ouvriers pour lesquels il a déboursé 16078 francs ; dire combien il a déboursé en tout, combien il a employé d'ouvriers, et pendant combien de jours.

91) Une pendule avance d'une heure par jour ; il est 9 heures du matin, quelle heure marquera-t-elle quand elle aura avancé d'une demi-heure ?

§ II.

SOUSTRACTION.

20. Définition. — *La soustraction est une opération qui a pour but, deux nombres étant donnés, de retrancher le petit du plus grand.*

Le résultat de l'opération s'appelle *reste, excès* ou *dif-férence.*

21. Règle. — *Pour faire la soustraction, on écrit les deux nombres donnés l'un au dessous de l'autre, de manière que le petit soit au dessous du plus grand et que les unités soient sous les unités, les dizaines sous les dizaines, les centaines sous les centaines, etc.; puis on retranche le chiffre inférieur du chiffre supérieur, colonne par colonne, en commençant par la droite.*

Exemple. — Soit à faire la soustraction :

$$
\begin{array}{r}
685 \\
273 \\
\hline
412
\end{array}
$$

Exercices sur la Soustraction.

Si l'élève sait bien la table d'addition donnée plus haut (67), il ne sera nullement embarrassé pour les soustractions suivantes :

Soit à soustraire :

92)   De   527—435
            640—339
            556—347
            429—154
            942—786
            5002—985

93)   De   1800— 362
            5642— 404
            7046—1327
            4502—3290
            7000—6547
            1201— 592

94)   De   175023— 12345
            1080093— 565004
            9500200— 840032
            1000035— 909837
            1289004— 765284
            70000007—4987987

Les deux nombres étant posés, comme l'on voit, l'on dit : 3 de 5 deux, 7 de 8 un, 2 de 6 quatre.

Démonstration. — Il est évident, en effet, que les deux nombres auront été retranchés l'un de l'autre, dès l'instant qu'on aura soustrait les unités, les dizaines, les centaines..., qui composent le nombre le plus petit des unités, des dizaines, des centaines..., qui composent le nombre le plus grand.

22. Remarques. — Il pourrait se faire et il arrive très souvent que, dans une colonne, le chiffre inférieur est plus fort que le chiffre supérieur. Alors, pour rendre la soustraction possible, on ajoute 10 par la pensée au chiffre supérieur ; ce qui revient à ajouter au nombre supérieur une unité de l'ordre marqué par la colonne qui précède immédiatement, et, arrivés à cette colonne, on ajoutera également une unité au nombre inférieur, afin qu'il y ait compensation. Il est évident, en effet, que si j'ai 5 francs dans la main droite et 3 dans la gauche, la différence étant 2, la différence sera encore 2 quand j'aurai ajouté 1 franc à chaque main et que j'aurai 6 dans la droite et 4 dans la gauche.

Exemples. — I.

$$82465$$
$$35294$$
$$\overline{47171}$$

Problèmes sur la Soustraction.

95) Un écolier avait 19 francs, il en a dépensé 14, combien lui en reste-t-il ?

96) Il s'en faut de 9 francs qu'un élève ait autant qu'un autre, combien a ce dernier ?

97) On a tiré 57 litres d'une pièce de vin qui en contenait 312, combien en reste-t-il ?

98) Un négociant trouve que la recette du mois s'élève à 3182 francs, et la dépense à 4050 francs ; a-t-il plus reçu que dépensé, quelle est la différence ?

L'on dit : 4 de 5 un, 9 de 6 ne se peut; j'ajoute 10 à 6, ce qui vaut 16, et je dis : 9 de 16 sept; mais ces 10 dizaines, ajoutées au nombre supérieur, équivalent à une centaine, que j'y aurais ajoutée, et pour qu'il y ait compensation, il faut que j'ajoute également une centaine au chiffre 2 du nombre inférieur. Je dis donc pour la colonne des centaines : 3 de 4 un. Continuant de même pour les autres, je dis : 5 de 12 sept, 4 de 8 quatre.

$$\begin{array}{r} \text{II.} \qquad 400305 \\ 304523 \\ \hline 95782 \end{array}$$

Quand il y a des zéros, la règle ne change pas; on *force* également d'une unité tous les chiffres inférieurs,

---

99) Une facture s'élevant à 1572 francs, doit subir une réduction d'autant de francs qu'il y a de centaines dans le nombre; que restera-t-il à payer?

100) En revendant 104 francs une certaine marchandise, un marchand a réalisé un bénéfice de 27 francs; combien lui avait-elle coûté?

101) Dire l'âge et la différence d'âge de Napoléon Ier et de Châteaubriand, nés tous les deux en 1769, et morts, le premier en 1821, et le second en 1848.

102) On demande combien de temps dura la royauté à Rome, cette ville ayant été fondée en 753 avant J.-C., et la République l'an 509 avant J.-C.

103) La population du département de l'Aveyron est de 394183, celle de l'Hérault de 389286, celle de la Lozère de 144705; dire de combien le premier l'emporte sur les deux autres, et quelle est la différence entre les deux derniers.

104) Napoléon III, né en 1808, a été nommé président de la République en 1848, et empereur des Français en 1852; dire à quel âge il a été nommé président et empereur?

105) L'imprimerie a été découverte en 1436, l'Amérique en 1497; les premières lunettes d'approche datent de 1609, et les premières machines à vapeur de 1764. Dire combien de temps il y a depuis chacune de ces découvertes.

quand le chiffre supérieur de la colonne qu'on vient de faire a été trop faible. Ainsi l'on dira : 3 de 5 deux, 2 de 10 huit, 6 de 13 sept (je dis 6, au lieu de 5, parce que le zéro de la colonne précédente a été trop faible). De même pour la colonne qui va suivre (le 3 ayant été trop faible), je dirai : 5 de 10 cinq ; et pour l'avant-dernière colonne, 1 de 10 neuf (je dis 1, au lieu de zéro, parce que le zéro supérieur précédent a été trop faible) ; et enfin, d'après la même règle, *forçant* le 3, je dirai : 4 de 4 zéro (inutile d'écrire ce zéro, puisque sa suppression ne change en rien la place ni, par suite, la valeur des autres chiffres).

23. Preuve. — Pour faire la preuve de la soustraction, on ajoute la différence au nombre le plus petit, et l'on doit retrouver le plus grand, puisque la différence n'est

---

Problèmes mixtes.

106) Un banquier a reçu, en janvier, 18752 francs, et payé le même mois 12745 francs ; il a reçu en février 23235 francs, et payé 17948 francs ; il a reçu en mars 39342 francs, et payé 27599 francs. Dire quelle est son encaisse au bout du trimestre.

107) Quel temps s'est-il écoulé entre la fin de la captivité de Babylone (538 av. J.-Ch.) et la conversion de Constantin (312 apr. J.-C.)?

108) On a reçu trois pièces de vin ; la première, pesant 312 kil., a une tare de 27 kil. ; la seconde, pesant 284 kil., a une tare de 25 kil. ; la troisième, pesant 352 kil., a une tare de 35 kil. On demande le poids total du vin.

109) Le nombre d'élèves de trois classes réunies s'élève à 89 ; la première en contient 29, la troisième 27. Chercher le nombre de la seconde classe.

110) Une personne revend 93642 francs une maison qui lui en avait coûté 62750 ; il y a fait des réparations pour 13845 francs, et a acheté un mobilier de 6744 francs. On demande ce qu'elle a gagné en la revendant.

autre, chose que la quantité dont le plus grand surpasse le plus petit.

24. Notation. — Le signe de la soustraction est le signe *moins* (—), $8 - 5 = 3$.

Troisième Leçon.

§ III.

MULTIPLICATION.

25. Définition. — *La multiplication est une opération qui a pour but de répéter un nombre appelé multiplicande autant de fois qu'il y a d'unités dans un autre appelé multiplicateur.*

Le résultat de l'opération s'appelle *produit.*

Ainsi, multiplier 7 par 2, par 3, par 4..., c'est répéter 7, 2 fois, 3 fois, 4 fois..., ou bien prendre le double, le triple, le quadruple de 7. Les résultats 14, 21, 28... sont dits les *produits.*

---

111) Un père a, en 1859, 27 ans de plus que son fils, âgé de 15 ans; on demande, en supposant que tous les deux vivent 80 ans, quelles seraient les années du décès du père et de l'enfant.

112) Le diamètre de la terre à l'équateur étant de 12754863 mètres, et celui des pôles de 12712251, on demande lequel est le plus grand et de combien.

113) La somme de 2 nombres est 65; leur différence est 15; quels sont ces deux nombres?

Le multiplicande et le multiplicateur sont encore appelés les *facteurs* du produit.

26. 1ʳᵉ conséquence. — On voit, d'après cette définition, que le produit doit toujours être de même nature que le multiplicande ; car des francs, des mètres, par exemple, répétés tant de fois qu'on voudra, ne donneront jamais au résultat que des francs et des mètres. De

---

Exercices sur la Multiplication.

114)　　　　　　*Table de Multiplication.*

2 fois 2 ..	4		5 fois 5 ..	25	
2 fois 3 ..	6 .. 3 fois 2		5 fois 6 ..	30 .. 6 fois 5	
2 fois 4 ..	8 .. 4 fois 2		5 fois 7 ..	35 .. 7 fois 5	
2 fois 5 ..	10 .. 5 fois 2		5 fois 8 ..	40 .. 8 fois 5	
2 fois 6 ..	12 .. 6 fois 2		5 fois 9 ..	45 .. 9 fois 5	
2 fois 7 ..	14 .. 7 fois 2				
2 fois 8 ..	16 .. 8 fois 2				
2 fois 9 ..	18 .. 9 fois 2		6 fois 6 ..	36	
			6 fois 7 ..	42 .. 7 fois 6	
			6 fois 8 ..	48 .. 8 fois 6	
3 fois 3 ..	9		6 fois 9 ..	54 .. 9 fois 6	
3 fois 4 ..	12 .. 4 fois 3				
3 fois 5 ..	15 .. 5 fois 3				
3 fois 6 ..	18 .. 6 fois 3				
3 fois 7 ..	21 .. 7 fois 3		7 fois 7 ..	49	
3 fois 8 ..	24 .. 8 fois 3		7 fois 8 ..	56 .. 8 fois 7	
3 fois 9 ..	27 .. 9 fois 3		7 fois 9 ..	63 .. 9 fois 8	
4 fois 4 ..	16				
4 fois 5 ..	20 .. 5 fois 4		8 fois 8 ..	64	
4 fois 6 ..	24 .. 6 fois 4		8 fois 9 ..	72 .. 9 fois 8	
4 fois 7 ..	28 .. 7 fois 4				
4 fois 8 ..	32 .. 8 fois 4				
4 fois 9 ..	36 .. 9 fois 4		9 fois 9 ..	81	

même, si l'on répète des dizaines, des centaines...., on aura nécessairement au produit des dizaines, des centaines....

27. 2ᵉ conséquence. — La multiplication revient à une addition. En effet, multiplier, par exemple, 27 par 3, c'est, d'après la définition, répéter 27 trois fois, et c'est ce que l'on fait en écrivant 27 trois fois :

$$27$$
$$27$$
$$27$$

et en additionnant ces trois nombres égaux à 27, conformément aux règles de l'addition.

Mais comme, dans la plupart des cas, l'addition serait trop longue toutes les fois que le multiplicateur est un nombre composé de deux ou d'un plus grand nombre de chiffres, on a eu recours, pour simplifier, à la multiplication, qui n'est autre chose qu'une *addition abrégée,* et dont nous allons exposer les règles.

Auparavant, nous ferons remarquer que, pour faire une multiplication quelconque, il faut savoir multiplier

---

Le meilleur moyen d'apprendre la table étant de la pratiquer, nous allons présenter une série d'exercices, auxquels on pourra adjoindre au besoin ceux de la soustraction et de la division.

Soit à multiplier :

115)	89	par	3		116)	917	par	4
	76	—	5			859	—	7
	53	—	7			577	—	9
	24	—	9			386	—	6
	98	—	8			183	—	8
	79	—	4			687	—	5
117)	93	par	54		118)	912	par	27
	82	—	75			436	—	58
	67	—	83			844	—	73
	58	—	99			753	—	49
	79	—	47			698	—	79
	89	—	76			547	—	84

2

un chiffre par un seul chiffre ; il est donc indispensable de savoir par cœur la table dite de Pythagore, qui contient tous les produits d'un chiffre par un autre chiffre.

Manière de former la table. — Joignant la première colonne horizontale à elle-même, on forme la seconde ; joignant la première à la seconde, on forme la troisième ; joignant la première à la troisième, on forme la quatrième ; ainsi de suite.

Table de Pythagore.

1	2	3	4	5	6	7	8	9
2	4	6	8	10	12	14	16	18
3	6	9	12	15	18	21	24	27
4	8	12	16	20	24	28	32	36
5	10	15	20	25	30	35	40	45
6	12	18	24	30	36	42	48	54
7	14	21	28	35	42	49	56	63
8	16	24	32	40	48	56	64	72
9	18	27	36	45	54	63	72	81

Manière de se servir de la table. — Cherchant le multiplicande sur la première colonne horizontale, le multiplicateur à la première verticale, la case de rencontre des deux colonnes donne le produit.

28. Théorie. — Pour procéder avec plus de méthode, nous allons distinguer deux cas : suivant que le multiplicateur n'a qu'un chiffre, suivant qu'il en a plusieurs (le multiplicande en ayant, au reste, plusieurs).

1er CAS.

Quand le multiplicateur n'a qu'un chiffre.

29 Règle. — *Pour multiplier un nombre composé de plusieurs chiffres par un autre nombre composé d'un seul chiffre, on écrit le multiplicateur sous le chiffre des unités du multiplicande ; puis on multiplie successivement chaque chiffre du multiplicande par le multiplicateur, en commençant par la droite, ayant soin de garder, s'il y en a, les dizaines de retenue pour les porter au rang des dizaines, les centaines de retenue pour les porter au rang des centaines, etc.*

Exemple. — Soit à multiplier :

$$\begin{array}{r} 5314 \\ 6 \\ \hline 31884 \end{array}$$

119)	625	par	753		120)	6264	par	86
	836	—	462			8345	—	73
	714	—	584			4927	—	65
	953	—	847			3516	—	94
	567	—	958			7853	—	58
	489	—	679			5438	—	49
						9046	—	78
121)	9642	par	652		122)	8346	par	7254
	8575	—	726			3154	—	3543
	6632	—	456			7905	—	6534
	9453	—	347			9764	—	3486
	7545	—	563			6513	—	2672
	5978	—	675			5872	—	5897
	6180	—	889			4401	—	8908

Les chiffres étant ainsi écrits, l'on dit (en commençant par la droite à cause des retenues) : 6 fois 4, 24; je pose 4 et je retiens les 2 dizaines pour les porter au rang des dizaines; 6 fois 1, 6 (produit de dizaines, puisqu'on répète une dizaine 6 fois), et 2 dizaines de retenue, 8 (ici il n'y a rien à retenir); 6 fois 3, 18 (produit de centaines, puisqu'on répète 3 centaines 6 fois); je pose 8 et je retiens une unité de mille pour la porter au produit suivant, qui est le produit des unités de mille; enfin, 6 fois 5, 30 et 1 de retenue 31; je pose 1 et j'avance 3.

Démonstration. — D'après la définition, on doit répéter le multiplicande 5314, autant de fois qu'il y a d'unités dans le multiplicateur, c'est-à-dire 6 fois; or, c'est ce que l'on a fait, puisque l'on a répété successivement les unités, les dizaines, les centaines, les unités de mille, c'est-à-dire toutes les parties qui composent le multiplicande 6 fois.

2e CAS.

Quand le multiplicateur a plusieurs chiffres.

30. Règle. — *Pour multiplier un nombre composé de plusieurs chiffres par un autre nombre composé de plusieurs*

---

123)	97635	par	643	124)	2576843	par	43685
	86421	—	725		4657928	—	52746
	74546	—	837		9200357	—	78430
	65375	—	909		78200059	—	67907
	53267	—	578		84000579	—	86704
	96135	—	873				
	78927	—	489				
125)	578943259	par	450967	126)	120000780	par	8500769
	864357608	—	560738		534112000	—	7460007
	580009367	—	721005		695721006	—	530078
	457865700	—	837009		878600000	—	489000
	891000659	—	896000		900003789	—	970009

chiffres, après avoir écrit le multiplicateur au dessous du multiplicande, de manière à faire correspondre les unités avec les unités, les dizaines avec les dizaines, on multiplie par ordre tous les chiffres du multiplicande par chaque chiffre du multiplicateur, en commençant par la droite, et l'on recule chaque produit partiel de manière à placer son premier chiffre à droite, sous le chiffre du multiplicateur par lequel on multiplie; puis on additionne les produits partiels, ce qui donne le produit demandé.

Exemple. — Soit à multiplier :

$$43572$$
$$356$$
$$\overline{261432}$$
$$217860$$
$$130716$$
$$\overline{15511632}$$

Après avoir écrit les deux facteurs de la manière indiquée, on multiplie d'abord 43572 par 6, comme précé-

---

Problèmes sur la Multiplication.

1er USAGE.

Questions de prix.

127) Le mètre d'un drap coûtant 17 francs, combien coûteront 35 mètres?

Raisonnement. — Si un seul mètre coûte 17 francs, il est évident que 35 mètres coûteront 35 fois plus.

128) Un kilogramme de café coûte 2 francs, que coûtera une balle de 127 kil.?

129) Sachant que le litre de bordeaux revient à 2 francs, à combien reviendront 3 pièces de 137 litres chacune?

130) Il faut 36 feuilles pour la confection d'un ouvrage; le papier coûte 9 francs la rame, et il faut 4 rames pour chaque feuille; la composition de la planche par feuille est de 29 francs, et le tirage de 7 francs : quel sera le prix de l'ouvrage?

demment; ce qui donne le produit partiel 261432, et l'on écrit le premier chiffre à droite 2 de ce produit, sous le chiffre 6 du multiplicateur; puis on multiplie 43572 par 5, ce qui donne le produit partiel 217860, et l'on écrit le premier chiffre à droite de ce produit 0, sous le 5 du multiplicateur qu'on vient d'employer. On fait de même pour le dernier produit partiel 130716, dont on place le premier chiffre à droite 6, sous le chiffre respectif 3 du multiplicateur.

Démonstration. — Puisque, d'après la définition, il faut répéter le multiplicande 356 fois, il revient au même de le répéter d'abord 6 fois, puis 50 fois, puis 300 fois, car

$$356 \text{ peut s'écrire ainsi : } \begin{cases} 6 \\ 50 \\ 300 \\ \hline 356 \end{cases}$$

Or, on le répète 6 fois en le multipliant par 6, comme dans le cas précédent. Si ensuite, au lieu de le répéter 50 fois, on le répète seulement 5 fois, ce qui rentre dans le cas précédent, on aura un produit 10 fois trop petit, 5 étant 10 fois plus petit que 50 (9). Mais on rendra le produit 217860 10 fois plus grand, en ajoutant un zéro à

---

131) Un marchand a acheté une pièce de drap de 57 mètres, qu'il a revendue au détail 1254 francs; il a gagné 3 francs par mètre. On demande : 1° ce que lui avait coûté la pièce; 2° combien il aurait gagné sur le tout s'il l'avait revendue 25 francs le mètre ?

2e USAGE.

Questions de nombre.

132) Une promenade publique se compose de 17 rangées d'arbres, chaque rangée en contient 25; combien y aura-t-il d'arbres en tout ?

133) La main de papier contient 25 feuilles, la rame se compose de 20 mains; combien de feuilles y a-t-il à la rame ?

sa droite, ou bien, sans l'écrire, en en laissant la place. De même, si, au lieu de répéter le multiplicande 300 fois, on ne le répète que 3 fois, ce que l'on sait faire, l'on obtiendra un produit partiel 130716 100 fois trop petit, 3 étant 100 fois plus petit que 300; mais on le rétablira ce qu'il doit être, en ajoutant deux zéros à sa droite, ou bien, sans les écrire, en en laissant la place. Voilà pourquoi on a reculé le second produit partiel d'un rang et le troisième de deux par rapport au premier.

31. Cas particulier. — Si l'un des deux nombres donnés ou tous les deux étaient terminés par des zéros, on ferait la multiplication des chiffres significatifs, abstraction faite des zéros, et l'on ajouterait au produit autant de zéros qu'il y en a dans les deux nombres.

Exemple.

$$
\begin{array}{r}
357000 \\
700 \\
\hline
249900000
\end{array}
$$

En effet, en faisant abstraction des trois zéros du multiplicande, on a répété 357 mille 700 fois; ce qui doit donner des mille au produit (26). Il faut donc déjà ajouter trois zéros; mais, au lieu de multiplier 357 par 700, on ne l'a multiplié que par 7, c'est-à-dire par un nombre 100 fois trop faible. Le produit est donc encore 100 fois trop faible; il faut donc encore ajouter deux zéros, cinq en tout, c'est-à-dire autant qu'il y en a dans les deux nombres.

---

134) La roue d'une machine fait 365 tours par seconde; il y a 60 secondes à la minute, 60 minutes à l'heure. Combien de tours aura fait cette roue dans l'espace de 5 heures?

135) En supposant, d'après certains calculs, qu'il ait été imprimé depuis la découverte de l'imprimerie 3681960 ouvrages à 3 volumes et à 300 exemplaires en moyenne pour chacun, l'on demande : 1° le nombre total de volumes imprimés; 2° quel serait le nombre total de lettres, en supposant terme moyen 19 feuilles au volume, 16 pages à la feuille, 48 lignes à la page, et 53 lettres à la ligne?

32. Usages de la multiplication. — Entre autres, nous signalerons les suivants. La multiplication sert :

1º Connaissant le prix d'une unité, à trouver le prix d'un certain nombre d'unités de la même espèce.

2º Quand on connaît le nombre correspondant à l'unité, à déterminer le nombre qui correspond à plusieurs unités de la même espèce.

3º A convertir une unité donnée en unités d'espèce plus petite. (Depuis l'abolition des anciennes mesures, cet usage est moins utile.)

4º A rendre un nombre donné un certain nombre de fois plus grand; ce qui est l'objet propre de la multipli-cation.

33. Notation. — Le signe de la multiplication est le suivant $(\times)$. $3 \times 5 = 15$, ou le point $3 \cdot 5 = 15$.

PRINCIPE.

Le produit de plusieurs facteurs ne change pas, quel que soit l'ordre des facteurs.

Définition. — On appelle *produit de plusieurs facteurs,* le produit que l'on obtient en multipliant le premier fac-teur par le deuxième, puis le produit obtenu par le troisième, puis le nouveau produit par le quatrième, ainsi de suite. Par exemple, pour obtenir le produit

---

3ᵉ USAGE.

Conversion d'une unité donnée en unités d'espèce plus petite.

136) Combien y a-t-il de secondes dans 9 heures 35 minutes ?

137) Un écolier a vécu 17 ans 8 mois 23 jours ; en supposant le mois de 30 jours, combien a-t-il vécu de jours ?

138) La circonférence valant 360 degrés, le degré 60 minutes, et la minute 60 secondes, on demande : 1º combien il y a de secondes de degré dans un arc de 45 degrés : 2º combien il y a de minutes de degré dans une circonférence ?

3×5×4×2, on multiplie d'abord 3 par 5, ce qui donne 15; puis 15 par 4, ce qui donne 60, et enfin 60 par 2, ce qui donne 120.

1er CAS.

Celui de trois facteurs.

34. Ainsi, $7 \times 3 \times 2 = 7 \times 2 \times 3$.

En effet, d'après la définition de la multiplication, 7×3 n'est autre chose que le nombre 7 répété 3 fois. Écrivons donc le nombre 7 trois fois.

7   7   7

Et il faut encore multiplier par 2, ce qui revient à écrire cette même ligne deux fois, et l'on a ainsi le tableau suivant :

(A)

7   7   7

(B)

7   7   7

Or, ce tableau peut être lu de deux manières, suivant que l'on se place en (A) ou en (B). Si l'on se place en (A), on a le nombre 7, 3 fois de front sur 2 de profondeur. C'est donc $7 \times 3 \times 2$; et si l'on se place en (B), l'on a le nombre 7, 2 fois de front sur 3 de profondeur, ce qui donne $7 \times 2 \times 3$; et comme dans les deux cas le résultat est le même, il s'ensuit que $7 \times 3 \times 2 = 7 \times 2 \times 3$.

4e USAGE.

Rendre un nombre donné un certain nombre de fois plus grand.

139) Rendre le nombre 35 dix, cent, mille fois plus grand (9).

140) Quel est le nombre 1356 fois plus grand que 4537 ?

141) Après avoir triplé le nombre 3547, on demande de le rendre 576 fois plus grand.

2e CAS.

Celui de deux facteurs.

35. $3 \times 2 = 2 \times 3$. La démonstration est la même que dans le cas précédent, si l'on y suppose le facteur 7 égal à 1; car alors les trois facteurs se réduisent à deux.

3e CAS.

Celui d'un nombre quelconque de facteurs.

36. $7 \times 3 \times 2 \times 5 \times 8 = 7 \times 3 \times 2 \times 8 \times 5$. L'on n'a qu'à supposer le produit des trois premiers facteurs effectué, et il vient

$$42 \times 5 \times 8 = 42 \times 8 \times 5.$$

On le démontrerait comme dans le premier cas. Ainsi le facteur 8 de la cinquième place peut occuper la quatrième; et l'on démontrerait encore de la même manière

---

Problèmes mixtes.

142) Un marchand a acheté 53 douzaines mouchoirs fil au prix de 935 francs, et il les revend à 2 francs pièce; il en a acheté 45 douzaines soie au prix de 3250 francs, qu'il a revendus 7 francs pièce. On demande ce qu'il a bénéficié sur les deux qualités.

143) La lune, à son apogée, étant distante de la terre de 63 rayons terrestres, et de 56 à son périgée, on demande, en supposant le rayon terrestre de 1574 lieues, quelle est la différence entre ces deux distances?

150) Le premier volume d'un ouvrage à 2 colonnes a 446 pages, le second en a 332, la ligne est composée en moyenne de 47 lettres et la colonne de 48 lignes; on demande combien il y a de colonnes, de lignes et de lettres dans chaque volume; et combien de lettres, de lignes, de colonnes et de pages de plus dans le premier que dans le second?

que, de la quatrième, il peut occuper la troisième, en supposant le produit des deux premiers facteurs effectué, ce qui donnerait

$$21 \times 2 \times 8 = 21 \times 8 \times 2.$$

De sorte qu'en continuant de cette manière, on démontrerait que le facteur 8 peut occuper toutes les places. Or, ce qui est démontré pour ce facteur, est censé l'être pour tous. Donc le produit de plusieurs facteurs est toujours le même, quel que soit l'ordre de ces facteurs.

37. Preuve de la multiplication. — La preuve de la multiplication se fait le plus souvent en mettant le multiplicande à la place du multiplicateur et en multipliant de nouveau. Si la première opération est bonne, on doit retrouver le même produit. C'est une conséquence du principe précédent.

---

151) Un industriel emploie 756 ouvriers, dont 375 sont payés à raison de 3 francs par jour, et les autres à raison de 4 francs; il les solde à la fin de chaque semaine, composée de 6 jours de travail. On demande combien il lui faudra de plus par semaine, s'il double le nombre d'ouvriers de la première catégorie, et s'il triple ceux de la seconde?

152) On connaît le plus grand de deux nombres, qui est égal à 4 fois le produit de 237 par 59; on connaît leur différence, qui est égale à 48 multiplié par lui-même. On demande quel est le plus petit de ces deux nombres, quelle serait leur somme, et quel en serait le produit?

153) En supposant que le moineau détruise 50 chenilles par jour, on demande ce que détruiront de chenilles dans un mois 5 couples de moineaux donnant chacun 4 couvées de 6 petits chacune, et supposant que chaque couple des deux premières couvées a donné à son tour une couvée l'année même de sa naissance.

154) Trois entrepreneurs se chargent de construire une maison au prix de 54000 francs, pour laquelle ils n'ont dépensé que 39500 fr. 50 c. En supposant qu'ils y aient travaillé une année, moins les dimanches, et qu'ils aient dépensé 2 francs par jour pour leur entretien, on demande quelle sera la part du bénéfice net de chacun d'eux.

Quatrième Leçon.

§ IV.

DIVISION.

38. Préliminaires. — De la définition de la multiplication (25), il suit que le produit se compose d'autant de fois, en d'autres termes, contient autant de fois le multiplicande qu'il y a d'unités dans le multiplicateur.

Si donc l'on donnait le produit et le multiplicande, et qu'on demandât le multiplicateur, pour le connaître, il n'y aurait qu'à chercher combien de fois le produit contient le multiplicande, et l'on aurait la réponse à la question.

Il en serait de même si l'on donnait le multiplicateur au lieu du multiplicande, puisqu'on peut mettre les facteurs à la place l'un de l'autre sans altérer le produit (35).

Or, tel est le but de la division, le produit, qu'on appelle *dividende*, et un facteur qui est appelé *diviseur*, étant donnés, de connaître l'autre.

Exercices sur la Division.

Les commençants apprennent assez facilement à faire la division au moyen de la seconde table de multiplication (114).

Les premiers exercices numériques de la multiplication (115, 116) pouvant servir à la division aussi bien qu'à la multiplication, nous n'avons pas besoin de les reproduire.

155) Soit à diviser 32 par 5, on ira à la case dont le premier chiffre est 5, la suivante

5 fois 5 .. 25
5 fois 6 .. 30
5 fois 7 .. 35
5 fois 8 .. 40
5 fois 9 .. 45

39. Définition. — *La division est une opération qui a pour but de trouver combien de fois un nombre appelé dividende en contient un autre appelé diviseur.*

Le résultat de l'opération s'appelle *quotient.*

40. Conséquences. — I. Il suit de cette manière de considérer la division :

1° Que si l'on double, triple, quadruple... le dividende, sans toucher au diviseur, le quotient est, par suite, doublé, triplé, quadruplé...., puisque évidemment le dividende, devenant 2, 3, 4... fois plus grand, doit contenir le diviseur 2, 3, 4... fois plus.

2° Que si l'on double, triple, quadruple... le diviseur, sans toucher au dividende, le quotient devient 2, 3, 4.... fois plus petit, puisque le dividende ne changeant pas, il est évident que le diviseur y sera contenu 2, 3, 4.... fois moins.

3° Enfin, que le quotient ne change pas, si l'on multiplie à la fois dividende et diviseur par le même nombre ; car si, d'un côté, le quotient est rendu un certain nombre de fois plus grand, de l'autre, il est rendu ce même nombre de fois plus petit, et par suite, il y a compensation. Il en serait de même si, au lieu de multiplier, l'on avait divisé.

41. II. Il suit encore de la définition que, pour trouver le quotient, l'on n'aurait qu'à soustraire le diviseur du

---

On cherchera 32, ou, à son défaut, le nombre inférieur qui s'en rapproche le plus, 30, et l'autre facteur 6 placé à côté sera le quotient cherché.

156) Soit encore à diviser 59 par 7, on prendra la case qui commence par 7 :

$$7 \text{ fois } 7 \ldots 49$$
$$7 \text{ fois } 8 \ldots 56$$
$$7 \text{ fois } 9 \ldots 63$$

et prenant le produit inférieur 56 le plus voisin de 59, on voit que le facteur 8 placé à côté est le quotient cherché.

Une fois les exercices dont le diviseur n'est composé que d'un seul chiffre épuisés, on pourra passer aux suivants :

dividende, et autant de fois la soustraction pourrait se faire, autant il y aurait d'unités au quotient; mais comme, dans la plupart des cas (toutes les fois que le diviseur est très faible relativement au dividende), le nombre des soustractions serait infini, on a eu recours à la division, qui n'est autre chose qu'une *soustraction abrégée*, et dont voici les règles.

Théorie. — Pour plus de simplicité, nous distinguerons deux cas : 1º celui où le diviseur n'a qu'un chiffre ; 2º celui où il en a plusieurs.

1er CAS.

Lorsque le diviseur n'a qu'un chiffre.

42. Première règle. — *S'il faut prendre tout le dividende pour contenir le diviseur, le quotient n'a alors qu'un seul chiffre. Dans ce cas, la table de Pythagore suffit, puisqu'elle donne tous les produits d'un chiffre par un autre chiffre. On y cherche le diviseur sur la première ligne horizontale, et au dessous le dividende donné ; ou, s'il n'y est pas contenu, le produit qui en approche le plus et le chiffre vis-à-vis de la première colonne verticale est le quotient exact cherché ou le quotient approché.*

Exemple. — Soit à faire la division :

Dividende 48	6 diviseur
8 quotient.

Exercices sur la 1re règle.

Soit à diviser :

157)	280	par	44	158)	409	par	65
	752	—	86		736	—	97
	475	—	53		544	—	72
	637	—	78		822	—	96
	394	—	67		312	—	48
	839	—	95		458	—	57

Un trait vertical étant placé entre le dividende et le diviseur, et un trait horizontal au-dessous de celui-ci, on cherche le chiffre 6 dans la première ligne horizontale et le nombre 48 au-dessous ; le chiffre 8, placé vis-à-vis dans la première ligne verticale, est le quotient exact, puisque c'est le nombre de fois qu'il faut répéter 6 pour trouver 48, et que par suite, 48 contient 6, 8 fois.

II. Soit à diviser :

$$\begin{array}{c|c} 50 & 6 \\ 48 & 8 \\ \hline 2 & \end{array}$$

On ne trouve pas dans la table 50, mais on trouve 48 et 54, entre lesquels 50 est compris ; le quotient exact sera donc compris entre 8 et 9, et alors on dira que le quotient *approché* ou *à une unité près* est 8 ou 9 : 8 par défaut, 9 par excès. En effet, ce que l'on néglige en prenant 8 et ce que l'on prend de trop en choisissant 9, est moindre qu'une unité. Si l'on écrit 8 au quotient, et qu'on multiplie 8 par 6, ce qui donne 48, l'on voit qu'en écrivant 48 au dessous du dividende et retranchant, il reste 2 ; ce reste 2 est dit *le reste de la division*, et il faudrait l'ajouter au produit du quotient par le diviseur pour retrouver le dividende.

43. Deuxième règle. — *S'il ne faut pas prendre tout le dividende pour contenir le diviseur, on est sûr qu'il y a plusieurs chiffres au quotient.*

Dans ce cas, on sépare, à gauche du dividende, assez de chiffres pour contenir le diviseur, mais non pas trop, et au moyen de la table, on trouve, comme précédemment, le vrai

159)	4902	par	562		160)	12749	par	3508
	7304	—	854			30076	—	5240
	5615	—	782			79004	—	8007
	1024	—	346			47207	—	5760
	8006	—	975			57010	—	6700
	7095	—	832			35000	—	4000

chiffre du quotient de l'ordre le plus élevé ou un chiffre trop fort; pour le vérifier, il n'y a qu'à le multiplier par le diviseur, à placer le produit sous le dividende séparé, et à faire la soustraction. Si la soustraction est possible, le chiffre est bon, et il faut le conserver; si elle ne l'est pas, on diminue le chiffre d'une unité, et on l'essaie de nouveau.

Cela fait, on abaisse à côté du reste, s'il y en a, le chiffre suivant du dividende, et on continue, sur le nouveau dividende partiel ainsi obtenu, l'opération au moyen de la table, absolument comme on vient de faire, chaque chiffre qu'on abaisse donnant un nouveau chiffre au quotient.

S'il arrivait qu'une des divisions ne pût pas se faire, le chiffre une fois abaissé, parce que le nouveau dividende partiel ne contiendrait pas le diviseur, il faudrait mettre un zéro au quotient, et l'on abaisserait un nouveau chiffre.

On continue ainsi jusqu'à ce que tous les chiffres du dividende aient été abaissés.

Exemple. — Soit à faire la division :

$$
\begin{array}{r|l}
19 \cdot 5 \cdot 4 \cdot 2 & 5 \\
15 & \overline{3908} \\
\hline
45 & \\
45 & \\
\hline
042 & \\
40 & \\
\hline
2 & \\
\end{array}
$$

Exercices sur la 2ᵉ règle.

161)	78419	par	9	162)	4509	par	12
	12036	—	7		6791	—	32
	45647	—	8		3624	—	25
	80354	—	6		2863	—	18
	93658	—	5		5375	—	44
	34020	—	40		47842	—	72

Les nombres ainsi disposés, on sépare, au moyen d'un point placé en haut, les deux premiers chiffres à gauche 19, nécessaires pour contenir le diviseur, et l'on dit : en 19, combien de fois 5? 3 fois. Multipliant 3 par 5, on écrit le produit 15 au dessous de 19, et on fait la soustraction, qui donne pour reste 4. A côté de 4, on abaisse le chiffre suivant 5, qu'on marque encore par un point, et l'on dit : en 45 combien de fois 5? 9 fois. Multipliant 9 par 5, ce qui donne 45, on retranche, et on trouve 0 pour reste. Abaissant le 4, on voit que ce nouveau dividende ne contient pas le diviseur. On met donc 0 au quotient, et, abaissant le dernier chiffre 2 à côté du 4, on dira : en 42 combien de fois 5? Ce qui donne 8 pour dernier chiffre du quotient et 2 pour reste de la division.

Démonstration. — Pour nous faire mieux comprendre, nous allons supposer qu'on eût 19542 grains de blé dans un sac, et qu'on voulût savoir combien de fois on peut en retrancher 5 ; ce qui donnerait 3908 soustractions ! Opération rebutante par sa longueur. Evidemment, on aura plus tôt fait, si on prend des grains de blé du sac, et qu'on les dispose en différents tas de mille chacun ; et l'on voit qu'il y en a 19 de ces tas dont on peut former 3 groupes renfermant chacun 5 tas. Mettons ces 3 groupes de côté, et écrivons 3 au quotient, au rang des unités de mille, puisque nous opérons sur des unités de mille. Les 4 tas qui restent étant des mille, peuvent se décomposer en 40 tas plus petits qui seront des centaines ; et, vu qu'il y en a déjà 5 dans le sac, prenant ces 5 centaines de grains de blé pour les réunir aux autres, nous

---

163)	956003	par	305		164)	890000	par	500
	712034	—	118			70500	—	120
	500045	—	602			53260	—	600
	844016	—	394			900350	—	850
	240312	—	516			920452	—	235
	569000	—	700			300500	—	530

aurons en tout 45 centaines, dont on peut former 9 groupes de 5 tas chacun. Mettons encore ces 9 groupes de côté, et écrivons 9 au quotient, au rang des centaines, puisque ce sont des centaines que nous retranchons. Il ne reste plus rien, comme on voit, hors du sac ; mais il contient encore 4 dizaines de grains de blé, qu'on ne peut pas évidemment grouper par 5. Il n'y aura donc pas de chiffre de dizaines au quotient. Écrivons-y donc 0. Mais ces quatre dizaines de grains de blé donnent 40 grains, lesquels, joints aux 2 qui restent dans le sac, forment 8 groupes de 5 grains chacun. Il y aura donc 8 au quotient, au rang des unités.

On voit donc, d'après cela, qu'on a réellement divisé 19542 par 5, c'est-à-dire qu'on a, d'après la définition, cherché combien de fois 19542 contenait 5, puisque après avoir décomposé 19542 successivement en unités de mille, en centaines, en dizaines et en unités, ce que l'on avait le droit de faire, on a cherché combien de fois 5 mille était contenu dans les unités de mille, 5 centaines dans les centaines, 5 dizaines dans les dizaines, 5 unités dans les unités ; ce qui a fourni, par suite, au quotient les chiffres des unités de mille des centaines, des dizaines et des unités.

44. Remarques. — I. On voit, en même temps, pourquoi on a commencé la division par la gauche, ce qu'on n'avait pas fait pour les règles précédentes ; c'est afin que

---

Problèmes sur la Division.

1er USAGE.

165) Le drap d'un manteau a coûté 108 francs ; on demande combien de mètres il y est entré, sachant que le drap est du prix de 18 francs le mètre.

Raisonnement. — Puisque le mètre coûte 18 francs, autant de fois 18 sera contenu dans 108, autant il y aura de mètres.

les restes pussent facilement se convertir en unités de l'ordre suivant.

II. Pourquoi l'on a, dans cet exemple, commencé par séparer les unités de mille : parce que le chiffre des dizaines de mille étant 1, l'on n'aurait pas pu évidemment en former des groupes de 5. Il faut donc, d'après la règle, prendre à gauche du dividende assez de chiffres pour contenir le diviseur.

III. Pourquoi le chiffre trouvé au quotient pourrait être trop fort ; parce que la division allant au rebours de la multiplication, où les retenues se font de gauche à droite, dans le dividende partiel, 19 mille par exemple, il peut y avoir des mille de retenue provenant du produit du diviseur par le chiffre des centaines du quotient.

2e CAS.

Lorsque le diviseur a plusieurs chiffres.

45. Première règle. — *S'il faut tous les chiffres du dividende pour contenir le diviseur, auquel cas le quotient n'a qu'un chiffre, on ne prend que le premier chiffre à gauche du diviseur et le premier ou les deux premiers à gauche du dividende, s'il les faut tous les deux pour contenir celui-là ; puis on opère sur ce dividende et diviseur* CONSERVÉS *comme s'ils étaient seuls ; ce qui rentre dans la première règle du cas précédent ; et, pour vérifier le chiffre trouvé, on le multiplie par tout le diviseur, et on retranche*

---

166) Un écolier a un pensum de 1500 vers à faire ; il est tenu d'en donner 300 par jour ; dans combien de jours l'aura-t-il fini ?

167) Les demi-bornes kilométriques d'une route sont disposées de 500 mètres en 500 mètres ; on demande combien il y en aura sur le parcours de 3200 mètres.

168) On a employé des tuyaux en tôle bitumés de 4 mètres de longueur, pour une conduite d'eau de 3300 mètres ; on demande le nombre des tuyaux employés.

le produit du dividende. Si la soustraction ne pouvait pas se faire, le chiffre trouvé serait trop fort, et il faudrait le diminuer d'une unité et l'essayer de nouveau.

Exemple. — Soit à diviser :

$$\begin{array}{c|c} 1835 & 542 \\ 1626 & \overline{3} \\ \hline 209 & \end{array}$$

Prenant le chiffre 5 du diviseur et les deux chiffres 18 du dividende, puisqu'il les faut tous les deux pour contenir 5, on dit : en 18 combien de fois 5 ? On trouve 3, d'après la table. 3 est vérifié en le multipliant par tout le diviseur 542, et le produit 1626 pouvant se soustraire du dividende 1835, on en conclut que 3 est bon.

Démonstration. — D'après la définition, il faut chercher combien de fois 1835 contient 542. Mais les deux nombres étant composés d'unités, de dizaines, de centaines, il revient au même de se borner aux centaines, et de chercher combien de fois 1800 contient 500, ou en divisant dividende et diviseur par 100, ce qui n'altère pas le quotient (40), de chercher combien de fois 18 contient 5; ce qui rentre dans le cas précédent.

Seulement, comme il y a une partie négligée au diviseur, on conçoit que si 1800, et à plus forte raison 1835, contient 3 fois 500, il pourrait ne pas contenir 3 fois 542,

---

169) Un ouvrage in-8° à 2 colonnes renferme 3500 colonnes; combien de feuilles y a-t-il (la feuille in-8° comprend 16 pages)?

170) Un homme a vécu 2102400 minutes, combien a-t-il vécu d'heures, de jours et d'années ?

171) Un marchand a revendu 828 francs une pièce de drap qui lui coûtait 684 francs ; sachant qu'il a gagné 4 francs par mètre, on demande combien de mètres contenait la pièce.

172) En supposant qu'il ait vendu 196 francs ce qui lui coûtait 168 francs, et qu'il ait gagné 7 francs par mètre, dire le nombre de mètres contenus dans une pièce qui lui avait coûté 1416 francs.

et voilà pourquoi le chiffre trouvé au quotient pourrait être trop fort.

46. Deuxième règle. — *S'il ne faut pas tous les chiffres du dividende pour contenir le diviseur, on est sûr qu'il y a plusieurs chiffres au quotient. Dans ce cas, on sépare à gauche du dividende assez de chiffres pour contenir le diviseur et, d'après la règle précédente (44), on trouve le vrai chiffre du quotient de l'ordre le plus élevé ou un chiffre trop fort. Pour le vérifier, il n'y a qu'à le multiplier par le diviseur, à placer le produit sous le dividende séparé et à faire la soustraction. Si la soustraction est possible, le chiffre est bon et il faut le conserver. Si elle ne l'est pas, on diminue ce chiffre d'une unité et on l'essaie de nouveau.*

Cela fait, on abaisse à côté du reste le chiffre suivant du dividende, ce qui donne un second dividende partiel et par suite un nouveau chiffre au quotient qu'on vérifie comme le précédent.

S'il arrivait qu'une des divisions partielles ne pût pas se faire, le dividende partiel n'étant pas assez fort pour contenir le diviseur, on mettrait un zéro au quotient et l'on abaisserait un nouveau chiffre. On continuerait de même jusqu'à ce qu'on eût abaissé tous les chiffres.

2e USAGE.

173) On veut distribuer une boîte de plumes métalliques, au nombre de 144, à une classe qui se compose de 24 élèves; combien chacun en aura-t-il?

Raisonnement. — Puisqu'il y a 24 élèves, chacun ne peut avoir que la 24e partie de 144, il faut donc diviser 144 par 24, ce qui donne 6; et, en effet, vérifiant, on voit que $6 \times 24 = 144$.

174) Un particulier a à dépenser annuellement un revenu de 2555 francs; combien a-t-il à dépenser par jour, l'année se composant de 365 jours?

175) Une conduite d'eau peut fournir 2592000 litres par jour; combien en fournira-t-elle par heure, par minute et par seconde?

Exemple. — Soit à faire la division :

```
195426 | 53
159     | 3687
─────
 364
 318
─────
 462
 424
─────
 386
 371
─────
  15
```

Après avoir séparé à gauche du dividende le nombre 195, on divise 195 par 53 comme dans le cas précédent (45), ce qui donne 3 au quotient. Multipliant 3 par le diviseur et retranchant, on abaisse à côté du reste 36 le chiffre suivant 4 du dividende, ce qui donne pour second dividende partiel 364 qu'on divise comme le précédent, d'où vient le chiffre 6 au quotient. Multipliant 6 par le diviseur et retranchant, on trouve pour reste 46, à côté duquel on abaisse le chiffre suivant 2 du dividende, d'où le troisième dividende partiel 462 qu'on traite comme les précédents, et ainsi de suite.

---

176) En mourant, un père laisse une fortune de 68000 francs à partager entre ses 4 enfants, de telle sorte que l'aîné ait le quart de la succession, plus une portion égale à celle des 3 autres ; combien chacun aura-t-il ?

177) Un gantier a revendu 1620 francs 540 paires de gants, qui lui revenaient à 1050 francs ; combien a-t-il gagné par douzaine ?

178) On a employé 18 chars pour le transport de 7888 mètres cubes de terre : on demande combien de jours on y mettra, si chaque jour un char peut en transporter 12 mètres cubes ?

179) Une maison de 250 élèves a usé en 3 mois 10 rames de papier ; on demande combien chaque élève en a usé par jour.

Démonstration. — Ce cas se raisonnerait comme celui de la deuxième règle (43), c'est-à-dire qu'au lieu de chercher combien de fois le diviseur 53 est contenu dans le dividende 195426, ce qui serait interminable, on cherche combien de fois 53000 est contenu dans les 195000 du dividende, d'où le chiffre des unités de mille du quotient. Puis on cherche combien de fois non pas 53 mais 53 centaines sont contenues dans les 364 centaines du dividende, d'où le chiffre des centaines du quotient; puis combien de fois non pas 53 mais 53 dizaines sont contenues dans les 462 dizaines du dividende, d'où le chiffre des dizaines du quotient; et enfin, combien de fois 53 unités sont contenues dans les 386 unités du dividende, d'où le chiffre des unités du quotient.

47. Cas particulier. — Lorsque le dividende et le diviseur sont terminés par des zéros, on peut supprimer le même nombre de zéros de part et d'autre, ce qui n'altère pas le quotient, puisque cela revient à diviser dividende et diviseur par le même nombre (40). *Mais le reste est aussi divisé par le même nombre* et, pour le rétablir, il faut ajouter autant de zéros à sa droite qu'on en a supprimés au dividende et au diviseur.

En effet, soit à diviser :

$$\begin{array}{c|c} 1900 & 500 \\ \underline{15} & \overline{3} \\ 4 & \end{array}$$

3e USAGE.

180) On a payé 851 francs une pièce de drap qui contenait 37 mètres; combien a-t-on payé le mètre?

Raisonnement. — Si l'on connaissait le prix du mètre, en le multipliant par le nombre de mètres 37, on aurait évidemment le prix total 851. On connaît donc un produit et l'un des facteurs: la division fera connaître l'autre.

181) 2400 porte-plumes ont été vendus à raison de 48 francs; à combien revient le cent?

En divisant 19 par 5, on divise réellement des centaines par des centaines, par suite, le reste 4 doit être des centaines ; c'est donc 400 et non 4 qui est le véritable reste de la division. Si, au lieu de diviser dividende et diviseur par le même nombre, on les avait multipliés, le reste aurait été multiplié par ce même nombre.

48. Remarques. — Avec un peu d'habitude dans le calcul, on se dispense d'écrire les produits sous les dividendes partiels respectifs et l'on fait en même temps les multiplications et les soustractions de la manière suivante :

Soit encore à diviser :

$$
\begin{array}{r|l}
195426 & 53 \\
\cline{2-2}
364 & 3687 \\
462 & \\
386 & \\
15 & \\
\end{array}
$$

Au lieu d'écrire le produit 159 du premier chiffre 3 du quotient par le diviseur 53, l'on dit : 3 fois 3, 9 ; 9 de 15, 6 que l'on écrit sous le 5 ; 3 fois 5, 15, et 1 de retenue 16 ; 16 de 19, 3 que l'on écrit à droite du 6 ; passant au second chiffre 6 du quotient, l'on dit : 6 fois 3, 18 que l'on retranche non de 14 puisque la soustraction ne pourrait pas se faire, mais de 24, sauf à ajouter 2 dizaines au

---

182) Dans un atelier composé de 24 hommes et de 12 enfants, si l'on suppose que chaque homme ait reçu moitié plus qu'aucun enfant, combien aura eu chaque homme et chaque enfant dans une solde de 1050 francs ?

183) Une caisse de marchandise du poids de 138 kilog. et ayant une tare du sixième de son poids, a coûté 460 francs ; on demande à combien revient le kilog.

184) On demande combien il y a de degrés dans 3675 secondes ?

chiffre inférieur suivant pour rétablir l'égalité. L'on dira donc 6 fois 5, 30 et 2 *de retenue* 32, 32 de 36, 4. Passant au troisième chiffre du quotient l'on dira, 8 fois 3, 24 que l'on retranche non de 12 ni de 22 mais de 32, afin que la soustraction puisse s'effectuer, sauf encore à ajouter 3 dizaines au chiffre inférieur suivant pour qu'il y ait compensation. Continuant, l'on dit : 8 fois 5, 40 et 3 *de retenue* 43, 43 de 46, 3 et ainsi de suite.

49. II. Nous avons vu (43) que le chiffre placé au quotient pouvait être *trop fort*, ce que l'on reconnaît *quand le produit de ce chiffre par le diviseur ne peut pas se retrancher du dividende*. Mais il pourrait se faire que la crainte de le trouver encore trop fort fît qu'on le diminuât à la fois de deux unités et l'on reconnaîtrait qu'il est *trop faible si le reste contenait encore le diviseur*. Le moyen de ne l'avoir ni trop fort ni trop faible sans trop de tâtonnements, c'est l'habitude qui le donne. Toutefois, on se trouvera bien du procédé suivant : il consiste à substituer par la pensée le chiffre du quotient à la place du diviseur, et l'on devra trouver pour quotient le diviseur lui-même ou un nombre plus fort. S'il est *plus faible*, on peut s'arrêter à l'instant, on est sûr que le chiffre en question est trop fort puisqu'il faudrait le multiplier par un nombre plus faible que le diviseur pour retrouver le dividende.

Problèmes mixtes.

185) La lumière vient du soleil à la terre en 8 minutes 13 secondes; sachant que la distance moyenne de la terre au soleil est de 152000000 de kilomètres, dire combien de kilomètres parcourt la lumière par seconde.

186) Deux convois partent en même temps de Paris et de Bordeaux; le premier fait 9 lieues à l'heure, le second en fait douze. Dire dans combien de temps ils se rencontreront, la distance des deux villes étant de 552 kilom. (la lieue de poste est de 4 kilom.).

Ainsi, dans l'exemple précédent, le premier chiffre du quotient 3 est bon parce que divisant par la pensée 195 par 3, l'on trouve d'abord 6, nombre plus fort que le premier chiffre 5 du diviseur. Mais on reconnaîtrait immédiatement que 4 n'est pas bon parce qu'en divisant 195 par 4 on trouverait d'abord 4, chiffre *plus faible* que 5, premier chiffre du diviseur. De même le quatrième chiffre 7 du quotient est bon parce que, divisant par la pensée 386 par 7, on trouve d'abord 5 et puis encore 5, chiffre plus fort que 3, second chiffre du diviseur.

50. III. Lorsque le diviseur est composé d'un seul chiffre comme dans l'exemple suivant :

$$\begin{array}{r|l} 35784 & 6 \\ 57 & \overline{5964} \\ 38 & \\ 24 & \end{array}$$

Au lieu de dire en 35 combien de fois 6 , il est mieux de dire le 6ᵉ de 35 est 5 pour 30 et reste 5 ; le 6ᵉ de 57 est 9 pour 54 et reste 3 ; le 6ᵉ de 38 est 6 pour 36 et reste 2 ; le 6ᵉ de 24 est 4 sans reste, et l'on peut disposer les calculs de la manière suivante :

$$\frac{35784}{6} = 5964$$

---

187) Les Etats-Unis ayant une superficie de 7498015 kil. carrés pour une population de 23696159 habitants, et la France une population de 35781628 pour une superficie de 53040208 kilom. carrés, dire lequel de ces deux Etats est le plus peuplé et de combien.

188) Un marchand a acheté 4200 assiettes qu'il se propose de revendre 4 francs la douzaine ; s'il s'en casse 3 douzaines et que les frais s'élèvent à 50 francs, combien gagnera-t-il par douzaine, la facture ayant été de 1200 francs ?

51. Notation. — Le signe de la division est les deux points, 12 : 4, ou bien un trait entre les deux nombres superposés $\frac{12}{4}$.

52. Usages de la division. — On peut définir la division de trois manières, suivant le point de vue auquel on la considère et dire :

1° Que la division est une opération qui a pour but de chercher combien de fois un nombre en contient un autre. C'est la définition que nous avons adoptée.

2° Ou bien qu'elle a pour but de partager un nombre en autant de parties égales qu'il y a d'unités dans un autre.

3° Ou enfin, définition qui comprend les deux autres, qu'elle a pour but, un produit et un facteur étant donnés, de trouver l'autre facteur.

De là un triple usage de la division suivant qu'on se proposera :

1° De chercher combien de fois une quantité est contenue dans une autre.

2° De partager une quantité donnée en un certain nombre de parties égales.

3° Ou bien, connaissant le prix, la valeur d'un certain nombre d'objets, de trouver le prix, la valeur d'un seul.

53. Preuve. — La preuve de la division se fait le plus ordinairement par *une autre division* en mettant le quotient trouvé à la place du diviseur, et l'on devra trouver pour

---

189) Un marchand de blé en achète pour 2000 francs, à raison de 18 francs, et à raison de 12 francs l'hectolitre, autant d'une qualité que de l'autre. On demande combien il y a d'hectolitres de chaque sorte.

190) Trois pièces de vin de la même contenance et de trois qualités différentes ont été payées 205 francs ; la première a coûté 17 francs l'hectolitre, la seconde 9 francs, la troisième 15 francs. Dire de combien d'hectolitres était chaque pièce.

quotient le même diviseur et le même reste ; ou bien *par une multiplication* en faisant le produit du quotient par le diviseur et en ajoutant le reste, s'il y en a, et l'on devra retrouver le dividende. C'est fondé sur les définitions données plus haut.

Inversement la preuve de la multiplication pourrait se faire *par une division* en divisant le produit trouvé par l'un des facteurs donnés, et l'on devrait retrouver l'autre facteur ; mais le procédé indiqué (37) est le plus pratiqué.

---

191) Deux voyageurs ont fait, l'un 42 kilomètres en 7 heures, l'autre 45 en 9 heures. On demande lequel a marché le plus vite.

192) Un écolier perd un quart d'heure par jour sur le temps consacré à ses études; on demande ce qu'il aura perdu : 1° au bout du mois; 2° au bout de l'année (le mois se compose en moyenne de 30 jours, et l'année scolaire de 10 mois).

LIVRE II.

Cinquième Leçon.

NOMBRES DÉCIMAUX.

54. Définition. — Les nombres décimaux sont des nombres composés de *parties d'unité de dix en dix fois plus petites.*

1re QUESTION.

Former les nombres décimaux.

55. Numération décimale. — De même que, d'après nos conventions (2) sur les nombres entiers, la centaine vaut 10 dizaines, la dizaine 10 unités simples, de même on peut convenir que l'unité soit partagée en 10 parties égales que nous appellerons *dizièmes,* le dizième en 10 parties égales que nous appellerons *centièmes,* le centième en 10 parties égales que nous

---

Tableau des initiales pour les nombres décimaux.

			dixièmes.	centièmes.	millièmes.	dix-millièmes.	cent-millièmes.	millionièmes.	dix-millionièmes.	cent-millionièmes.	billionièmes.
C D I,			d	c	m	d	c	m	d	c	m...
			1er	2^e	3^e	4^e	5^e	6^e	7^e	8^e	9e rang.

appellerons *millièmes,* le millième en 10 parties égales que nous appellerons *dix-millièmes,* le dix-millième en 10 parties égales que nous appellerons *cent-millièmes,* le cent-millième en 10 parties égales que nous appellerons *millioniémes,* ainsi de suite. En sorte que ces parties d'unité seront de dix en dix fois plus petites, et le principe qui a servi à écrire les nombres entiers (7), savoir : que *tout chiffre placé à la gauche d'un autre, exprime des unités dix fois plus grandes,* sera encore applicable aux nombres décimaux.

Exemple. — Soit le nombre décimal

	dixièmes.	centièmes.	millièmes.	dix-millièmes.	cent-millièmes.	millioniémes.
94,	5	6	7	8	3	2

De même que le 9 placé à la gauche du 4 qui est le chiffre des unités exprime des dizaines, de même le 5 placé à la gauche du 6 qui est le chiffre des centièmes exprimera des dixièmes, et le 6 lui-même exprimera des centièmes parce qu'il est à la gauche du 7 qui exprime des millièmes, ainsi des autres.

Exercices sur la 1re question.

193) Montrer la place des dixièmes, des centièmes..., des millioniémes.

194) A quel rang sont les millièmes, les dixièmes, les millioniémes ?...

195) Comment appelle-t-on les décimales des 4e, 6e, 2e, 5e... rangs?

196) Combien faut-il de centièmes pour faire un dixième de millièmes, pour faire un centième de millioniémes, pour faire un cent-millième?

197) Combien un centième vaut-il de millièmes, un dix-millième de cent millièmes?

198) Combien le centième vaut-il de millièmes, de dix-millièmes, de millioniémes ?

56. Conséquence. — Il suit de là que, comme dans les nombres entiers, une unité d'un ordre quelconque vaut 10 unités de l'ordre immédiatement inférieur, 100 unités de l'ordre placé deux rangs au-dessous, 1000 unités de l'ordre placé trois rangs au-dessous (la centaine par exemple vaut 10 dizaines et cent unités simples), de même pour les nombres décimaux, l'unité par exemple vaudra 10 dixièmes, 100 centièmes, 1000 millièmes.

57. Remarque. — Pour éviter la confusion on sépare, au moyen d'une virgule, la partie entière, de la partie décimale.

Si la partie entière manque, on la remplace par un zéro.

Dans le premier cas, quand il y a une partie entière jointe à la partie décimale, le nombre est dit *nombre décimal*. Dans le deuxième, quand la partie entière manque, le nombre est dit *fraction décimale*, ou simplement *décimales*.

2e QUESTION.

Enoncer les nombres décimaux.

58. Première manière. — On énonce *séparément* la partie entière et la partie décimale; celle-ci, comme si

---

199) Combien le centième vaut-il de dix-millièmes, le millième de millionièmes?

200) Quel est le nom à donner quand il y a 2, 5, 4, 6, 3... décimales?

201) Combien faut-il de chiffres décimaux pour avoir des millièmes, des millionièmes, des dix-millièmes.

Exercices sur la 2e question.

Enoncer les nombres suivants :

202) 0,5 ; 0,57 ; 0,315 ; 0,05 ; 0,027 ; 0,009.

203) 0,214 ; 0,0005 ; 0,00008 ; 0,00356 ; 0,000006 ; 0,030057.

204) 18,32 ; 7,12004 ; 18,00570, 5,19007 ; 3,005017 ; 1,70054.

elle était seule, en ayant soin de donner à la dernière décimale *le nom* marqué par le rang qui lui appartient.

Exemple. — Le nombre décimal

$$54, 236$$

s'énoncera : cinquante-quatre *unités*, deux cent trente-six *millièmes*. On dit millièmes parce que la décimale 6 est au rang des millièmes, et l'on voit bien qu'il y en a 236 puisque 2 dixièmes en valent 200 (56), et 3 centièmes 30 en tout 236.

59. Deuxième manière. — On énonce *ensemble* la partie entière et la partie décimale, sans faire attention à la virgule, seulement on donne à la dernière décimale le *nom* indiqué par le rang qu'elle doit occuper dans la partie décimale.

Exemple. — Ainsi le même nombre

$$54,236$$

s'énoncera : cinquante-quatre *mille* deux cent trente-six *millièmes*, comme s'il était écrit sans virgule 54236, et l'on voit en effet que 4 unités valent 4000 millièmes et 5 dizaines 50000 millièmes, cela fait bien en tout 54236 millièmes.

3e QUESTION.

Ecrire les nombres décimaux.

Chaque manière d'énoncer les nombres décimaux a sa manière correspondante de les écrire :

---

205) Rendre 10, 100, 1000... fois plus forts les nombres 3,7 ; 0,59 ; 7,812 ; 0,0003 ; 19,0047 ; 36,4.

206) Rendre 10, 100, 1000... fois plus faibles les nombres 357,6 ; 29,17 ; 9,5 ; 0,4 ; 0,08 ; 0,009.

207) Quand on rend un nombre décimal 10, 100, 1000... fois plus grand, que devient le chiffre des dixièmes, des millièmes ?...

208) Quand on rend un nombre décimal 10, 100, 1000... fois plus faible, que devient le chiffre des unités des dizaines ?

60. Première manière. — Si l'on énonce le nombre d'après la première manière : cinquante-quatre *unités* deux cent trente-six *millièmes*, on écrira d'abord 54, puis on placera une virgule, et à sa droite on mettra 236, comme si c'était un nouveau nombre séparé du premier.

61. Deuxième manière. — Dans le cas où l'on énoncerait le nombre d'après la deuxième manière : cinquante-quatre *mille* deux cent trente-six *millièmes*, l'on écrirait le nombre entier 54236, puis on placerait la virgule, de manière à faire exprimer au dernier chiffre 6, des millièmes, c'est-à-dire qu'on la placerait après le 4 de la manière suivante : 54,236, laquelle, comme on voit, revient à la première.

62. Remarque. — Si la fraction décimale n'avait pas de chiffres significatifs au rang des dixièmes, des centièmes..., on y suppléerait en mettant des zéros dans sa partie à droite immédiatement après la virgule.

Ainsi trois millièmes s'écrira :

$$0,003$$

Exercices sur la 3e question.

Ecrire :

209) Trois *dixièmes*; vingt-cinq *centièmes*; trois cent cinquante-sept *millièmes*.

210) Trente-six *centièmes*; sept *centièmes*; soixante-dix-neuf *millièmes*; cinq *millièmes*.

211) Douze cent cinquante-trois *dix-millièmes*; quatre-vingt-quinze *centièmes*; vingt-huit *millièmes*; trois cent quatorze *dix-millièmes*; neuf *centièmes*.

212) Trente-deux mille cinq cent quarante-deux *cent-millièmes*; dix-sept *millièmes*; trente-sept *cent-millièmes*; trois *dix-millièmes*; huit *cent-millièmes*.

213) Trois cent cinquante-deux mille six cent vingt-sept *millionièmes*; trente-neuf *millièmes*; cinquante-neuf *cent millièmes*; sept *dix-millièmes*; cinq *millionièmes*.

214) Quatre *unités* vingt-cinq *millièmes*; dix-sept *unités* quatre *dix-millièmes*; vingt-neuf *unités* trois cent cinquante-six *millionièmes*.

PRINCIPES DES NOMBRES DÉCIMAUX.

63. Premier principe.—Un nombre décimal est multiplié par 10, par 100, par 1000... quand on avance la virgule de 1, 2, 3... rangs vers la droite.

Exemple. — Soit le nombre décimal 54,236 ; en avançant la virgule, on a :

$$54,236$$
$$542,36$$
$$5423,6$$
$$54236$$

Le deuxième est 10 fois plus grand, le troisième 100 fois plus grand, le quatrième 1000 fois plus grand que le premier : en effet, le chiffre 2, par exemple, qui exprimait dans le premier des dixièmes, exprime dans le deuxième des unités, dans le troisième des dizaines, dans le quatrième des centaines, c'est-à-dire des unités 10,

---

215) Quatre cent vingt-six *centièmes*; trois mille six cent trente-huit *millièmes*; deux cent cinquante-six *dixièmes*; quarante-neuf mille huit cent soixante-quatre *millièmes.*

ADDITION DES NOMBRES DÉCIMAUX.

Exercices.

Additionner :
216) 3,57 ; 18,094 ; 5,06807 ; 0,1004 ; 27,5 ; 0,310024.
217) 0,09 ; 0,540039 ; 0,0027 ; 0,0513 ; 0,00093 ; 0,102003.
218) 0,064 ; 0,000058 ; 0,500019 ; 0,305 ; 0,7 ; 0,0050042.
219) 257,0315 ; 38,56193 ; 3114 ; 05094 ; 9,20317 ; 5,04078.

Problèmes.

220) Un tailleur présente le compte suivant : habit, 71 fr. 95 c.; pantalon, 33 fr. 45 ; gilet, 15 fr. 85 ; diverses fournitures, 12 fr. 50. A combien se porte son compte?

100, 1000 fois plus fortes; et il en est de même des autres chiffres; donc, le nombre lui-même est devenu 10, 100, 1000 fois plus fort.

64. Deuxième principe. — Un nombre décimal est divisé par 10, par 100, par 1000... quand on recule la virgule de 1, 2, 3... rangs vers la gauche.

Exemple. — Soit le même nombre 54,236; en reculant la virgule, on a :

$$54,236$$
$$5,4236$$
$$0,54236$$
$$0,054236$$

Le deuxième nombre est 10 fois plus faible, le troisième 100 fois plus faible, le quatrième 1000 fois plus faible que le premier. En effet, le chiffre 2 par exemple, qui dans le premier exprimait des dixièmes, dans le deuxième exprime des centièmes, dans le troisième des millièmes, dans le quatrième, des dix-millièmes, c'est-à-dire des unités 10, 100, 1000 fois plus faibles, et il en est de même de chacun des autres chiffres. Donc, le

---

221) Un marchand, comptant la recette de la semaine, trouve qu'il a reçu : le lundi, 75 fr. 15 c.; le mardi, 82 fr. 95; le mercredi, 145 fr. 05; le jeudi, 93 fr. 75; le vendredi, 42 fr. 20; le samedi, 195 fr. 45. A combien se porte sa recette?

222) Un maçon bâtit d'abord en 15 jours 10 mètres de muraille, qui lui sont payés à raison de 2 fr. 25 c. le mètre; une autre fois, en 8 jours, il en bâtit 5 mètres, qui lui sont payés en tout 12 fr. 50. On demande le total des jours, des mètres et des francs

223) Trois associés ont à se partager une somme, dans laquelle le premier doit prélever 3560 fr. 70 c.; le second, le double du premier, plus la moitié en sus, et le troisième autant que les deux autres réunis. Quelle est cette somme?

224) Un écolier distribue son aumône à une famille pauvre, composée d'une mère et de 3 enfants, de manière à donner 0 fr. 05 c. au plus jeune, et le double de ce nombre à chacun des autres, jusqu'à la mère inclusivement. Combien a-t-il donné à chacun et en tout?

nombre tout entier est devenu 10, 100, 1000 fois plus faible.

65. Remarques. — I. L'on voit en même temps que quand la partie entière ne suffit pas, on y supplée par des zéros ajoutés à sa gauche, ce qui n'altère pas le nombre, puisque chaque chiffre conserve sa valeur relative.

II. De même pour la partie décimale, l'on pourrait écrire à sa droite un nombre quelconque de zéros, sans altérer sa valeur, chaque chiffre décimal conservant encore sa valeur relative ; seulement, dans ce cas, les zéros permettraient d'énoncer le nombre différemment.

Ainsi :

$$0,3$$
$$0,30$$
$$0,300$$

sont des nombres équivalents, puisque le 3 exprime partout des dixièmes ; mais le second peut s'énoncer 30 centièmes et le troisième 300 millièmes, car le dixième valant 10 centièmes ou 100 millièmes, 3 dixièmes valent, par suite, 30 centièmes ou 300 millièmes.

Ces principes ne sont, comme on le voit, qu'une suite du système lui-même de numération.

SOUSTRACTION DES NOMBRES DÉCIMAUX.

Faire les soustractions suivantes :

225)	37,58 — 12,45	226)	4,38 — 2,817
	4,143 — 1,05		56,305 — 7,1356
	857,0364 — 44228		384,2003 — 72,03085
	8,257 — 0,534		4830,17 — 592
	26,008 — 14,35		83,005 — 9,310125
227)	0,98 — 0,354		0,03 — 0,017
	0,6015 — 0,4802		9,005 — 0,0008
	0,540 — 0,2		0,4002 — 0,015
	0,307 — 0,27005		1,0006 — 0,1002
	0,8 — 0,701308		0,00007 — 0,00103

OPÉRATIONS SUR LES NOMBRES DÉCIMAUX.

Les définitions de l'addition (14), de la soustraction (20), de la multiplication (25), de la division (38),
des nombres entiers, peuvent également s'appliquer aux
nombres décimaux.

§ Ier.

ADDITION.

66. Règle. — On écrit les nombres décimaux les uns
au dessous des autres, *de manière que les virgules se correspondent dans la même ligne verticale;* car alors les

---

Problèmes.

228) Un ballot de marchandises pèse 150 kilog.; la tare est de
7 kil. 25. Quel est le poids de la marchandise?

229) Sur 180 francs de gages que doit donner un maître à son
domestique, il lui a avancé une fois 17 fr. 50 c., une autre fois
8 fr. 25, une troisième 25 fr. 75; combien lui doit-il encore?

230) Le produit annuel par hectare d'un terrain de première
classe a été de 38 fr. 50 c., de 29 fr. 75 pour un terrain de seconde
classe, de 21 fr. 15 pour un terrain de troisième classe, et enfin de
12 fr. 35 pour un terrain de quatrième classe. On demande ce que
chaque terrain rapporte de plus que les suivants.

231) Un banquier, après avoir pris de sa caisse 3500 fr. 50 c., et
y avoir mis une autre fois 4675 fr. 85, se trouve avoir une encaisse
de 12000 fr. 60. Combien avait-il d'abord?

232) Un marchand a vendu 37^m,25 dans trois ventes; dans la première il en a vendu 8^m,50, dans la seconde 15^m,75. On demande de
combien de mètres a été la troisième vente.

233) Un particulier qui a un compte courant chez un banquier,
lui demande un jour 350 fr. 25 c., un autre, il lui donne 860 fr. 50;
un troisième, il lui emprunte 755 fr. 50, et un quatrième il lui
envoie 1580 fr. 75. On demande ce qui lui reste à prendre chez le
banquier.

unités seront sous les unités, les dixièmes sous les dixièmes, les centièmes sous les centièmes, etc...; puis on
fait l'addition colonne par colonne, en commençant par
la droite, et l'on place la virgule sous les autres virgules.

Exemple. — Soit à additionner :

$$
\begin{array}{r}
1,356 \\
27,13 \\
9,0457 \\
13,268 \\
\hline
50,7997
\end{array}
$$

Le nombre 50,7997 est bien la somme demandée,
puisqu'il se compose des dix-millièmes, des millièmes,
des centièmes, des dixièmes, etc., c'est-à-dire de la
réunion des parties d'unité et des unités des nombres
donnés.

MULTIPLICATION DES NOMBRES DÉCIMAUX.

Exercices.

Soit à multiplier :

234)   45,78 par 5.
    9,123 par 7
    328,3 par 4
    56,247 par 23
    7,023 par 68

235)   3,0574 par 82
    0,7189 par 97
    8,10532 par 65
    310,07943 par 58
    0,6825 par 476

236)   684 par 0,75
    3456 par 1,372
    29 par 12,4835
    49072 par 5,60892
    788034 par 0,17264

237)   45,70 par 3,28
    8,985 par 4,572
    715,364 par 9,84
    4972,627 par 18,63
    89,7054 par 2,756

238)   40,015 par 5,107
    0,2054 par 0,316
    18,0065 par 0,4012
    0,6008 par 4,05078
    78,00107 par 6,10693

239)   0,0057 par 0,105
    0,10008 par 0,057
    0,0000809 par 0,02
    1,05074 par 0,005
    0,008102 par 0,00004

§ II.

SOUSTRACTION.

67. Règle. — On écrit le nombre le plus faible sous le nombre le plus fort, *de manière que la virgule soit sous la virgule,* c'est-à-dire les dixièmes sous les dixièmes, les centièmes sous les centièmes, etc.; puis on opère comme pour les nombres entiers, ayant soin de mettre la virgule sous les autres virgules.

Exemple. — Soit à soustraire de 47,29 le nombre 8,324 :

$$
\begin{array}{r}
47,290 \\
8,324 \\
\hline
38,966
\end{array}
$$

Le nombre 38,966 est bien le reste demandé, puisqu'on a retranché les millièmes, les centièmes, les dixièmes, etc., c'est-à-dire toutes les parties d'unité et les unités qui composent le nombre le plus faible des millièmes, des centièmes, des dixièmes, etc., c'est-à-dire des parties d'unité et des unités correspondantes qui composent le nombre le plus fort.

Problèmes.

240) Un relieur a cartonné 26 volumes au prix de 0 fr. 15 c.; il en a relié 89 au prix de 0 fr. 65; il en a broché 158 au prix de 0 fr. 05 c. le volume. Combien devra-t-il recevoir?

241) Un marchand de cristaux a vendu 2 douzaines de verres à liqueur au prix de 0 fr. 60 c. pièce, 3 douzaines de verres à pied au prix de 0 fr. 75, 4 carafes au prix de 1 fr. 50; pour combien a-t-il vendu?

242) La pièce d'or de 20 francs pesant 6^{gr},4516, et la pièce de 0 fr. 50 c. en argent pesant 2^{gr},50, on demande ce que pèse une bourse qui contient 860 francs en pièces d'or de 20 francs, et 74 francs en pièces d'argent de 0 fr. 50 c.

68. Remarque. — On voit, en même temps, que quand le nombre le plus fort a moins de chiffres décimaux que le nombre le plus faible, on y supplée, pour plus de commodité, par des zéros placés à sa droite ; ce qui n'altère pas sa valeur (65).

Sixième Leçon.

§ III.

MULTIPLICATION.

Nous distinguerons deux cas :

1er CAS.

Quand le multiplicateur seul a des décimales.

69. Règle. — On fait la multiplication, *abstraction faite de la virgule ;* puis on sépare par une virgule, au

---

243) Un entrepreneur se charge d'une partie de route portée par le devis au prix de 54645 fr. 80 c. ; il fait un rabais de 17 p 100. On demande à combien se porte le rabais total.

244) On demande ce que coûterait la peinture d'une boiserie de 75^m,4 de longueur, à raison de 0 fr. 04 c. le décimètre courant.

245) En supposant qu'un propriétaire ait vendu sa récolte de froment à poids, à raison de 32 fr. 80 c. le quintal métrique (100 kilog.), et que l'hectolitre pèse 78 kil. 25, on demande le prix de l'hectolitre.

246) Un marchand de blé a acheté 357,50 hectolitres de froment à 14 fr. 50 c., et 98,25 hectolitres de seigle à 12 fr. 50 l'hectolitre ; le froment et le seigle viennent à subir une baisse de 0 fr. 75 par hectolitre, combien y perdra le marchand ?

produit, autant de chiffres qu'il y a de décimales au multiplicateur.

Exemple. — Soit à multiplier :

$$
\begin{array}{r}
654 \\
3,15 \\
\hline
3270 \\
654 \\
1962 \\
\hline
2060,10
\end{array}
$$

Démonstration. — Puisque la multiplication consiste à répéter le multiplicande autant de fois qu'il y a d'unités dans le multiplicateur, en rendant celui-ci 100 fois trop grand par la suppression de la virgule (63), on répète le multiplicande 100 *fois trop*, et par suite le produit devient 100 fois trop grand; donc, pour le rétablir, il faut le rendre 100 fois plus petit; ce que l'on fait en séparant les deux derniers chiffres, *nombre égal* à celui des décimales du multiplicateur.

70. Remarque. — Si le multiplicande seul avait des décimales, la règle serait la même, puisqu'il est indifférent de mettre le multiplicande à la place du multiplicateur et le multiplicateur à la place du multiplicande, le produit restant le même (35).

---

247) Un particulier donne tous les ans 75 francs aux pauvres; il paie 285 francs de loyer, dépense par jour en moyenne 2 fr. 75 c., et met de côté de quoi acquitter un effet de 2348 fr. 60, payable en 4 ans par portions égales. Quel est son revenu annuel?

248) Un ouvrier irlandais, qui ne boit que de l'eau et fait sa nourriture principale de pommes de terre, en consomme habituellement par jour 6348 grammes; s'il remplaçait sa boisson par un demi-litre de bière au prix de 0 fr. 20 c. le litre, il pourrait retrancher 1200 grammes de sa ration journalière de pommes de terre, estimée à 0 fr. 15 c. les 1000 grammes, et il serait également bien nourri. On demande l'économie qui en résulterait par semaine, par mois et dans l'année.

2e CAS.

Quand le multiplicande et le multiplicateur ont des décimales.

71. Règle. — Il faut multiplier les deux nombres décimaux *comme si c'était des nombres entiers,* et séparer, sur la droite du produit, autant de chiffres qu'il y en a dans les deux facteurs.

Exemple. — Soit à multiplier :

$$
\begin{array}{r}
6,54 \\
3,15 \\
\hline
3270 \\
654 \\
1962 \\
\hline
206010 \\
\end{array}
$$

Démonstration. — Le produit est bien 20,6010 ; car, si l'on avait eu à multiplier 654 par 3,15, le produit aurait été, en vertu du premiier cas, 2060,10 ; or, ce dernier produit est encore 100 fois trop grand, puisqu'il y a deux décimales au multiplicande, et qu'on a répété un nombre 100 *fois trop grand.* Donc, il faut encore séparer 2 décimales, 4 en tout, c'est-à-dire *autant* qu'il y en a dans les deux facteurs.

---

249) En supposant qu'il faille 2400 kilog. de pommes de terre coupées en morceaux pour 1 hectare de terrain, on demande ce qu'on économiserait en plantant un champ de 0 hect.,75 avec des tubercules de 2 fr. 80 c. les 100 kilog. au lieu d'employer des tubercules de première qualité de 4 fr. 90 les 100 kilog.

250) Le rendement dans le second cas étant supérieur au premier de 30 hectolitres par hectare, et le produit moyen de 1 hectare de bon terrain étant de 110 hectolitres, on demande quelle serait, en définitive, la perte éprouvée par le propriétaire, sachant qu'avec des tubercules de qualité inférieure, il faut un tiers de la semence en sus.

§ IV.

DIVISION.

Il y a deux cas :

1er CAS.

Quand le diviseur est un nombre entier.

72. Règle. — Si le dividende seul a des décimales, le diviseur étant un nombre entier, on fait la division comme dans le cas des nombres entiers ; seulement, *quand on arrive à la virgule dans le dividende, on met également une virgule au quotient.*

Exemples. — I. Soit à faire la division :

$$
\begin{array}{c|l}
3{,}1416 & 2 \\
\cline{2-2}
1\ 1 & 1{,}5708 \\
\ \ 14 & \\
\ \ \ 16 &
\end{array}
$$

Démonstration. — Le premier chiffre du quotient 1 est de l'ordre des unités, puisqu'on divise 3 unités par 2, ce qui revient à en prendre la moitié, et il reste une unité

DIVISION DES NOMBRES DÉCIMAUX.

Exercices du 1er cas.

Soit à diviser :

251)   24,36 par 3   252)   27,304 par 54
     115,52 par 4   5,0487 par 39
     356,145 par 5   0,00395 par 124
     1248,450 par 12   567,15 par 22
     402,05 par 54   4578,05 par 315

253)   15206,304 par 584   36,2 par 10
     336745,015 par 6215   407,81 par 100
     0,36 par 56   57,3 par 1000
     0,0064 par 127   8,9 par 100000
     0,000045 par 318   0,5 par 1000000

qui vaut 10 dixièmes; cette unité, ajoutée à 1 dixième, chiffre suivant du dividende, donnera 11 dixièmes; la moitié de 11 dixièmes étant 5, le chiffre 5 doit être évidemment de l'ordre des dixièmes; il faut donc placer la virgule avant ce chiffre au quotient; ce qui revient à la placer, quand on arrive à la virgule du dividende, d'après la règle. On continuerait un raisonnement semblable pour le chiffre des centièmes, des millièmes... du dividende; ce qui donnerait le chiffre des centièmes, des millièmes... du quotient.

73. Remarque. — En définitive, il y a autant de décimales au quotient qu'au dividende; on pourrait donc, PRATIQUEMENT, *faire la division sans faire attention à la virgule, et séparer, sur la droite du quotient, autant de chiffres qu'il y a de chiffres décimaux dans le dividende.*

II. Soit la division :

$$\begin{array}{c|c} 0{,}145 & 5 \\ \hline 45 & 0{,}029 \end{array}$$

L'on dit : en 14 centièmes combien de fois 5, ou le cinquième de 14 centièmes est 2 centièmes, et le chiffre 2 doit être mis au quotient au rang des centièmes; mais à la rigueur, on devrait dire : le cinquième de 0 unités est 0; et ici, d'après la règle, on placerait la virgule au

---

Exercices sur le 2ᵉ cas.

254)   24,5 par 2,5   37,2 par 0,1
        512,25 par 52   4,56 par 0,01
        360,75 par 1,25   29,01 par 0,001
        8302,84 par 2,36   354,8 par 0,0001
        12384,05 par 0,025   4930,7 par 0,00001

255)   910,75 par 5,35   256)   5674 par 0,15
        92,054 par 2,36   348 par 0,514
        25,3012 par 6.842   40954 par 2,805
        8,04567 par 0,1245   120587 par 0,0236
        0,00028 par 0,054   2,34025 par 0,10056

quotient; puis, continuant, le cinquième de 1 dixième est encore 0, qu'on placerait au quotient au rang des dixièmes; et enfin, le cinquième de 14 centièmes est 2 centièmes, et il reste 4 centièmes ou 40 millièmes, lesquels, réunis aux 5 millièmes du dividende, donnent 45 millièmes, et enfin le cinquième de 45 millièmes est 9 millièmes. Ce cas rentre donc encore dans notre règle.

2e CAS.

Quand le diviseur a des décimales.

74. Règle. — Dans ce cas, on commence par *préparer les nombres*, c'est-à-dire qu'*on supprime la virgule au diviseur*, et alors on rentre dans le cas précédent; mais pour que le quotient ne change pas, *on avance la virgule au dividende* d'autant de rangs qu'il y avait de chiffres décimaux au diviseur.

Exemples. — I. Soit à diviser 15,12 par 3,6 :

$$
\begin{array}{r|l}
151,2 & 36 \\
72 & \overline{4,2} \\
00 &
\end{array}
$$

Problèmes.

257 Un cultivateur a récolté 3640 kilog. de racines; s'il en donne 15 k.,375 par jour à ses bestiaux, pour combien de jours en aura-t-il?

258) Un ouvrier dépense par jour 2 fr. 25 c.; au bout de 14 jours de travail, il a pu mettre de côté 17 fr. 50. Combien a-t-il gagné par jour?

259) Un marchand de drap achète une pièce de drap de 22^m,50 à raison de 18 fr. 20 le mètre; il veut gagner sur le tout 67 fr. 50. On demande combien il doit revendre le mètre.

Supprimant la virgule au diviseur, ce qui donne le nombre entier 36, on l'avance d'un rang au dividende, et l'on a à diviser 151,2 par 36, comme dans le cas précédent. Le quotient ne change pas, car cela revient à multiplier dividende et diviseur par le même nombre (**40**).

II. Soit à diviser 9,5 par 0,25 :

$$
\begin{array}{c|c}
950 & 025 \\
200 & \overline{38} \\
000 &
\end{array}
$$

Appliquant la règle, on voit qu'il n'y a pas assez de décimales au dividende ; mais on y supplée par des zéros ajoutés à sa droite ; ce qui n'altère pas la valeur d'un nombre décimal (65). Cela fait, la règle est applicable.

L'on agirait de la même manière, alors même qu'il n'y aurait pas de décimales au dividende. Cela reviendrait encore à multiplier dividende et diviseur par le même nombre.

75. Preuves. — Les preuves de l'addition, de la soustraction, de la multiplication, de la division, se font pour les nombres décimaux comme pour les nombres entiers.

76. Remarque. — Dans les exemples précédents, la division s'est faite sans reste, et le quotient trouvé a été un quotient *exact*. Mais il pourrait se faire et il arrive le plus souvent qu'il y a un reste ; alors le quotient n'est qu'un quotient *approché*, et on dit qu'il est approché à moins d'un dixième, d'un centième, d'un millième...., si le dernier chiffre du quotient auquel on s'arrête est de l'ordre des dixièmes, des centièmes, des millièmes....

---

260) Un atelier, composé de 35 hommes, a par jour 88 fr. 75 c. à se partager ; 8 d'entre eux sont payés à raison de 3 fr. 50 par homme. On demande ce que gagne chacun des autres.

261) Si deux pièces de drap ont coûté 930 francs, à raison de 15 fr. 50 le mètre, et que l'une de ces pièces contienne 25^m,50, on demande combien de mètres contiendra l'autre.

Exemple. — Soit à diviser :

$$\begin{array}{r|l} 65,71 & 42 \\ \hline 23\,7 & 1,56 \\ 2\,71 & \\ 19 & \end{array}$$

Le quotient 1,56 est un quotient approché à moins d'un centième près. En effet, si l'on continuait la division en convertissant les 19 centièmes qui restent en 190 millièmes, ce qui donnerait au quotient le chiffre des millièmes, ce chiffre, quel qu'il fût, serait toujours nécessairement moindre que 9, et par suite moindre qu'un centième, puisqu'il faut 10 millièmes pour donner un centième. Ce que l'on néglige est donc toujours moindre qu'un centième, et par suite le quotient 1,56 est dit à moins d'un 0,01 près.

Septième Leçon.

§ Ier.

ADDITION APPROCHÉE.

** Souvent l'on a à additionner des nombres décimaux composés de plus de décimales qu'il n'est nécessaire

---

262) Deux pièces de toile, dont l'une a 5 mètres de plus que l'autre, ont coûté, l'une 50 fr. 62 c., et l'autre 61 fr. 87. On demande quelle est la longueur de chaque pièce.

263) 2500 plumes ont coûté 15 francs. On demande à combien revient la centaine et la boîte, qui se compose de 144 plumes.

pour le but qu'on se propose; alors l'opération s'abrège en supprimant les décimales qu'il est inutile de conserver. Voici la règle :

** **77. Règle.** — *Si la somme qu'on se propose d'obtenir se compose de moins de dix nombres décimaux, on garde une décimale de plus qu'il ne faudrait pour chaque nombre décimal; puis on fait la somme, et dans cette somme on supprime cette décimale qu'on a gardée de trop, sauf à forcer d'une unité la dernière des décimales qu'il faut conserver.*

** *Exemple.* — Soit proposé d'additionner les nombres suivants : 3,14176; 2,02304; 5,0068; 1,3422; 0,1159; 2,5706; 8,2435; 0,0029; 1,5103, à 0,01 près :

$$
\begin{array}{r}
3,141 \\
2,023 \\
5,006 \\
1,342 \\
0,115 \\
2,570 \\
8,243 \\
0,002 \\
1,510 \\
\hline
23,952
\end{array}
$$

    23,952   résultat : 23,96

** **Démonstration.** — En conservant pour chaque nombre le chiffre des millièmes, on commet pour chacun d'eux une erreur moindre que 1 millième, puisque les

---

Problèmes mixtes.

264) Une compagnie a déboursé 4570 fr. 75 c. pour frais d'extraction de houille, qu'elle paie à raison de 0 fr. 80 l'hectolitre. Si elle revend l'hectolitre 1 fr. 40, on demande le nombre d'hectolitres extraits et le bénéfice réalisé.

265) Sur un mandat de 575 fr. 80 c., 5 ouvriers ont prélevé chacun 17 fr. 50. On demande ce qui restera à payer à chacun des 26 autres ouvriers qui composent le même atelier.

dix-millièmes qui suivraient après seraient toujours au dessous de 9; donc la somme des erreurs est inférieure à 9 millièmes et, par suite, à un centième. D'ailleurs, en supprimant dans le résultat le chiffre des millièmes, toujours inférieur à sa valeur réelle, on commet une erreur plus ou moins grande, suivant que ce chiffre des millièmes est plus ou moins élevé, et c'est pour la compenser qu'on force d'une unité le dernier chiffre décimal conservé. Le total demandé sera donc 23,96 à 0,01 près.

** **78. Remarque.** — Si la somme se composait de plus de 10 chiffres et de moins de 100, il faudrait garder deux décimales de plus qu'il n'en faut pour chaque nombre, sauf à les supprimer dans le résultat et à forcer d'une unité le dernier chiffre conservé. En effet, l'erreur étant alors moindre que 1 dix-millième pour chaque nombre, cent erreurs pareilles ne feraient pas 100 dix-millièmes, ni, par suite, un centième.

<h3 style="text-align:center">§ II.</h3>

<h2 style="text-align:center">SOUSTRACTION APPROCHÉE.</h2>

** **79. Règle**. — Il n'est pas besoin de garder plus de décimales qu'on en demande; car on n'a jamais plus de deux nombres décimaux, et les erreurs, au lieu de s'ajouter, se retranchent l'une de l'autre.

---

266) Un instituteur perçoit 38 fr. 50 c. par mois d'une classe composée de 22 élèves; on demande combien il lui faudrait d'élèves pour percevoir 63 francs, le tarif restant le même, et quelle serait, dans ce dernier cas, son économie au bout de 11 mois, s'il ne dépensait par jour en moyenne que 1 fr. 40 c.

267) Un marchand d'habits achète une pièce de drap au prix de 1067 fr. 50 c; il en tire 24 pièces d'habillement, qu'il vend au prix moyen de 36 fr. 30 la pièce, et il retire 196 francs du coupon qui lui reste. Quel bénéfice a-t-il eu sur le tout?

4

** *Exemple*. — Soit à retrancher de 1,0896 le nombre 0,2714 à 0,01 près :

$$1,08$$
$$0,27$$
$$\overline{0,81}$$

** **Démonstration.** — Le reste est bien 0,81 à 0,01 près. En effet, si on avait pris les millièmes, le reste 0,818 aurait été plus fort, il est vrai, de 8 millièmes ; mais en les négligeant, on commet une erreur moindre que 0,01.

** Et, si le chiffre 9 des millièmes avait appartenu au nombre le plus faible et le chiffre 1 au nombre le plus fort, le reste 0,81 serait bien encore un reste approché à 0,01. Car si, dans ce cas, le véritable reste serait 0,802, en prenant pour reste 0,81, on ne prend en réalité que 8 millièmes de trop, puisque déjà il y en a deux ; l'erreur est donc encore inférieure à 0,01 ; mais, dans ce cas, le reste 0,81 est *par excès*, tandis qu'il est *par défaut* dans le premier.

§ III.

PRODUITS APPROCHÉS.

** Pour obtenir un produit à une certaine approximation, à 0,001 près par exemple, il n'est pas toujours né-

---

268) Un particulier, qui a un revenu annuel de 3650 francs, se trouve avoir dépensé au bout de 7 mois et demi la somme de 2137 fr. 50 c. On demande ce qu'il pourra mettre de côté au bout de l'an, si rien n'est changé dans sa manière de vivre.

269) Un épicier, ne pouvant payer une facture de 79 fr. 10 c., donne en payement 75 kil.,50 de sucre à 0 fr. 70 c. le kilog., et du riz à raison de 35 francs les 100 kilog. On demande combien il devra délivrer de kilog. de cette dernière marchandise pour achever de se libérer.

cessaire d'employer tous les chiffres décimaux, soit du multiplicande, soit du multiplicateur. Voici la règle :

80. Règle. — On commence par écrire sous le multiplicande le multiplicateur *renversé,* en ayant soin de s'y prendre de manière à ce que *le chiffre des unités du multiplicateur* soit sous le chiffre du multiplicande *placé à droite* du chiffre décimal qui indique l'approximation demandée.

Puis on multiplie le multiplicande par chaque chiffre du multiplicateur, en commençant par la droite, et *à partir du chiffre du multiplicande placé au dessus de celui du multiplicateur qu'on emploie.*

Toutefois, on commence par *ajouter à chacun de ces produits partiels les retenues* qui proviendraient du chiffre du multiplicande placé à droite de celui par lequel on commence.

On écrit ensuite chacun de ces produits partiels les uns au dessous des autres, de manière à ce que leur *premier chiffre à droite* soit toujours placé *sur la même ligne verticale;* on fait la somme, et dans cette somme on

---

270) Un négociant a déboursé 3728 fr. 75 c. pour l'achat de 3 pièces de drap, dont la première contient 37^m,50 à 19 fr. 75 le mètre, la seconde 59^m,75 à 23 fr. 50 le mètre, et la troisième 57^m,60. On demande : 1° à combien revient le mètre de cette dernière qualité ; 2° combien il devra gagner sur le tout pour avoir un bénéfice de 10 p. 100 ?

271) Un ouvrier, qui dépense 75 fr. 50 c. par mois, a économisé au bout de l'an 254 francs, et a travaillé 26 jours par mois. On demande ce qu'il a gagné par jour.

272) Quelqu'un, qui a acheté 112^m,75 d'une pièce de drap, au prix de 0 fr. 95 c. le centimètre, n'a donné en à-compte que 83 fr. 05. On demande : 1° le nombre de mètres qu'il a payés ; 2° ceux qu'il lui reste à payer ; 3° la somme qu'il doit ?

273) Un marchand a acheté 55^m,50 de drap, à raison de 9 fr. 55 c. le mètre, 44^m,50 à 11 fr. 75, et 59 mètres à 7 fr. 80. Quel doit être le prix moyen du mètre pour réaliser sur le tout un bénéfice de 195 fr. 50 c. ?

supprime le dernier chiffre à droite, sauf à *forcer d'une unité* le dernier de ceux que l'on conserve.

** *Exemple.* — Soit à faire le produit à 0,01 près de 135,2738562 par 42,58397423 :

```
        135,27 38562
     324792 85,24
     ─────────────────
        541 09 54
         27 05 47
          6 76 36
          1 08 21
            2 70
            1 21
               9
     ─────────────────
        576 03 58    résultat . 5760,36
```

** Le multiplicateur renversé étant écrit de manière à ce que le chiffre 2 des unités tombe sous celui des millièmes, d'après la règle, on commence par multiplier par 4 la partie à gauche du multiplicande, à partir du chiffre supérieur 8, c'est-à-dire la partie 135,2738, et l'on dit : 4 fois 8, 32 et 2 de retenue 34 (ces 2 de retenue proviennent du produit de 4 par le chiffre 5 du multiplicande placé à droite de celui par lequel on commence), et l'on continue. Puis, passant au chiffre suivant du multiplicateur 2, on multiplie par 2 la partie du multiplicande 135,273, et l'on dit : 2 fois 3, 6 et 1 de retenue 7 (cette unité de retenue provient du produit dn chiffre 2

274) Deux écoliers ont à eux deux la somme de 115 points, et l'un en a 4 fois plus que l'autre. Dire le nombre de points qu'a chaque élève.

275) Trois élèves ont acheté ensemble 105 poires, à condition que le premier en prenant 5, le second doit en prendre le double, et le troisième le quadruple du premier. On demande quelle sera la part de chaque élève.

par le chiffre 8, placé à droite de celui par lequel commence ce produit). On multiplierait ensuite par 5 la partie du multiplicande 135,27, en ajoutant encore les retenues provenant du produit du chiffre 5 par le chiffre 3 du multiplicande. Ainsi de suite; et, arrivés au produit du chiffre 7 du multiplicateur par le chiffre 1 du multiplicande, l'on s'arrête.

** **Démonstration.** — Tous les produits partiels expriment des millièmes, c'est-à-dire des unités décimales 10 fois plus faibles que celles de l'approximation demandée. En effet, en plaçant le chiffre des unités du multiplicateur sous le chiffre des millièmes du multiplicande, et en multipliant, on a évidemment à ce produit des millièmes; or, les autres chiffres du multiplicateur se trouvent placés de telle manière, que si le chiffre 5, par exemple, du multiplicateur exprime des dixièmes, c'est-à-dire des unités 10 fois plus petites que les unités, le chiffre supérieur 7 du multiplicande exprime des centièmes, c'est-à-dire des unités 10 fois plus fortes que les millièmes; or, des dixièmes multipliés par des centièmes donnent encore des millièmes. De même, si le chiffre 8 du multiplicateur exprime des centièmes, c'est-à-dire des unités décimales 100 fois plus petites que les unités, le chiffre supérieur 2 du multiplicande exprime des dixièmes, c'est-à-dire des unités 100 fois plus fortes que les millièmes; et l'on sait que des centièmes multipliés par des dixièmes donnent encore des millièmes. Il en serait de même des autres produits partiels. A mesure que l'ordre des unités du multiplicateur devient 10, 100, 1000... fois plus faible, celui des unités du multiplicande devient 10, 100, 1000... fois plus fort; en sorte que tous les produits partiels

---

276) Trois camarades perdent au jeu un certain nombre de boules; le premier et le second en ont perdu 20 à eux deux, le premier et le troisième réunis en ont perdu 15, et le second avec le troisième en ont perdu 9. Quelle est la perte de chacun d'eux?

expriment le même ordre d'unité, des millièmes, dans l'exemple qui nous occupe.

** On pourrait donc croire que le produit est approché à un millième, c'est-à-dire à un ordre décimal dix fois plus reculé; mais il n'en est rien. En effet, les dix-millièmes qu'on néglige pourraient donner des millièmes d'erreur. Ils ne pourraient jamais cependant donner des centièmes d'erreur; car il faudrait 100 dix-millièmes pour faire 1 centième d'erreur; or, même en supposant qu'on eût négligé un dix-millième en tête de chaque produit partiel, ce qui n'est pas, on aurait négligé en tout $(4 + 2 + 5 + 8 + 2 + 9 + 7) = 37$ dix-millièmes, nombre inférieur à 100 dix-millièmes.

** **84. Remarques.** — I. On comprend en même temps pourquoi on néglige la partie du multiplicande 562 qui n'a pas au-dessous d'elle de chiffre correspondant et la partie du multiplicateur 324 qui n'en a pas au dessus; c'est parce que ces deux parties n'auraient jamais pu donner des millièmes. Il était donc inutile d'en tenir compte, et c'est même là ce qui abrège l'opération, puisqu'on se dispense ainsi d'effectuer un certain nombre de produits partiels.

** II. Si le multiplicande n'eût pas eu assez de chiffres décimaux, on y aurait suppléé par des zéros.

Exercices sur les produits approchés.

Quels sont les produits à moins de 0,001 ?
277)   De $5,2713508 \times 2,146137$
            $25,3046815 \times 3,9280541$
            $1,6037943 \times 0,8135947$

Quels sont les produits à moins de 0,01 ?
278)   De $34,580394 \times 1,792315$
            $7,9621743 \times 1,532418$
            $1,2531079 \times 0,432614$

§ IV.

QUOTIENTS APPROCHÉS.

** **82. Règle.** — Pour obtenir, à une certaine approximation donnée, le quotient de deux nombres entiers ou décimaux, on commence par *déterminer le nombre de chiffres que doit avoir le quotient approché;* ce qui est toujours facile. Puis, sans avoir égard aux virgules du dividende et du diviseur, on prend ce même nombre de chiffres, *plus deux*, sur la gauche du diviseur ; et, sur la gauche du dividende, assez de chiffres pour contenir au moins une fois et jamais plus de 10 fois ce premier diviseur ainsi préparé. On fait ensuite la division ; ce qui donne un chiffre au quotient et un reste.

** Ce reste ne contient plus le diviseur, mais il le contiendra si l'*on supprime le premier chiffre à droite de ce dernier;* ce que l'on fait ; et, continuant la division, on trouve le second chiffre du quotient et un second reste.

** Ce second reste ne contient plus le même diviseur, mais il le contiendra *si l'on supprime un autre chiffre à la droite de ce dernier,* ce que l'on fait; et, continuant la division, on trouve le troisième chiffre du quotient. On va ainsi supprimant à chaque division nouvelle un nouveau chiffre à la droite du diviseur jusqu'à ce qu'enfin

---

Exercices sur les quotients approchés.

Quels sont les quotients à moins d'une unité ?

279)　　De　　764,320415 : 14,7965204
　　　　　　5612,302517 : 184,2107935
　　　　　　563,2431715 : 21,79321

Quels sont les quotients à moins de 0,001 ?

280)　　De　　354,792618 : 25,348791
　　　　　　59,302716 : 7,9246189
　　　　　　9,315 : 0,452791

on ait obtenu au quotient tous les chiffres demandés. Cela fait, il ne reste plus qu'à y placer la virgule convenablement, si l'approximation avait été demandée à une unité décimale près.

Exemple. — Soit à trouver à une unité près le quotient de 5760,363132557325726 par 42,58297423

$$
\begin{array}{r|l}
5760,3631325 & 42,582 \\
\hline
15021 & 135 \\
2247 & \\
122 & \\
\end{array}
$$

** En supposant au quotient le nombre 100 et en le multipliant par la partie entière du diviseur 42, on a 4200 nombre plus faible que la partie entière du dividende 5760. Mais en supposant au quotient le nombre 1000 et en le multipliant par 42, ce qui donne 42000, on a un nombre plus fort que 5760, donc le quotient est compris entre 100 et 1000 et par suite est un nombre composé de 3 chiffres.

** Il faut donc prendre au diviseur, d'après la règle, $3 + 2 = 5$ chiffres c'est-à-dire le nombre 42582, et à la gauche du dividende assez de chiffres pour contenir ce même nombre, 1 fois et non pas 10, c'est-à-dire le nombre 57603 et diviser 57603 par 42582 d'après la méthode ordinaire, ce qui donne 1 pour premier chiffre du quotient et 15021 pour premier reste. Puis, d'après la règle, supprimant le dernier chiffre 2 du diviseur préparé, on divise le premier reste 15021 par le nouveau diviseur 4258, ce qui donne le 2e chiffre du quotient 3 et pour 2e reste 2247; supprimant encore le dernier chiffre 8 du diviseur abrégé 4258, l'on divise le deuxième reste 2247 par ce nouveau diviseur 425, et le chiffre 5 trouvé au quotient complétant le nombre des chiffres dont celui-ci doit se composer, la division est faite et le nombre 135 est le quotient approché à moins d'une unité.

** En effet, si l'on réfléchit sur la marche qu'on a suivie, on remarquera que les trois produits partiels obtenus et retranchés du dividende sont des produits de centaines puisqu'on a multiplié d'abord les centaines du quotient par les unités du diviseur, puis les dizaines du quotient par les dizaines du diviseur, et enfin les unités du quotient par les centaines du diviseur ; et puisque dans chacun de ces produits la partie négligée est moindre qu'une centaine, l'erreur totale est moindre que $5+3+1=9$ centaines et à plus forte raison moindre que 100 centaines ou que le diviseur 42582, nombre composé de 5 chiffres. Si donc on néglige de retrancher du dividende moins qu'une fois le diviseur, le dividende ne peut pas contenir ce même diviseur une fois de plus, et par suite le quotient trouvé 135 est approché à moins d'une unité.

83. Remarque. — I. Il pourrait se faire que l'un des restes contînt 10 fois le diviseur abrégé, dès lors, sans continuer le calcul on met un 9 au quotient que l'on fait suivre d'autant de 9 qu'il est nécessaire pour compléter le quotient. En effet, il est évident que, cette division faite, le reste contiendra encore une fois le même diviseur et par suite 10 fois le diviseur suivant qui a un chiffre de moins.

** II. Si le diviseur n'avait pas autant de chiffres que la règle prescrit d'en prendre sur sa gauche, on commencerait par effectuer la division d'après le procédé ordinaire, jusqu'à ce que la règle devînt applicable.

** III. Si l'on avait à trouver le quotient à une unité décimale près, à 0,01 ; 0,001... par exemple, on multiplierait le dividende par 100, par 1000... puis on chercherait le quotient comme précédemment à une unité près et on séparerait sur sa droite 2, 3... chiffres décimaux suivant le cas.

LIVRE III.

Huitième Leçon.

PROPRIÉTÉS DES NOMBRES PREMIERS.

84. Définitions. — Un nombre est *divisible par* un autre quand il le contient un nombre exact de fois sans reste ; et celui-ci est dit *diviseur* du premier.

Ainsi 24 est *divisible par* 6, parce qu'il contient 6, 4 fois exactement, et 6 est dit *diviseur* de 24. Le nombre 24 est dit aussi *multiple* de 6. Les mots *multiple, divisible par,* sont donc synonymes.

On appelle *multiples* d'un nombre, les différents produits de ce nombre par un autre, quel qu'il soit.

NOTA. — Toutes les notes de ce IIIe livre, depuis (281) jusqu'à (300), pourront être omises sans inconvénient par les commençants.

PRINCIPE.

281) *Tout diviseur de plusieurs nombres est diviseur de leur somme.*

DÉMONSTRATION. — Ainsi, soit 6, 8, 10 divisibles par 2 ; je dis que leur somme 24 est aussi divisible par 2. En effet, puisque 6 est divisible par 2, il doit, d'après la définition (84), le contenir sans reste 3 fois ; de même, 8 doit le contenir sans reste 4 fois, et 10, 5 fois sans reste. Donc, la somme 24 contient 2, 3 fois plus 4 fois plus 5 fois, c'est-à-dire 12 fois sans reste ; donc, 24 est divisible par 2.

Ainsi, 6, 12, 18, 24, 30...., sont des multiples de 6, parce qu'ils sont égaux à 6 multiplié par 1, 2, 3, 4, 5.....

Il n'est pas toujours nécessaire d'effectuer la division pour savoir si un nombre est divisible par un autre. Il est des caractères auxquels on peut le reconnaître. Avant de les donner, un principe est à démontrer. (Voir aux notes 281.)

§ Ier. CARACTÈRES DE DIVISIBILITÉ.

1er CARACTÈRE PAR 2.

85. Règle. — *Pour savoir si un nombre est divisible par 2, il n'y a qu'à faire attention à son premier chiffre à droite. Si ce chiffre est divisible par 2, tout le nombre le sera également, et le reste ne change pas.*

Ainsi, le nombre 3654 est divisible par 2, parce que le dernier chiffre 4 est divisible par 2, et le nombre 3657 n'est pas divisible par 2, parce que le chiffre 7 ne l'est pas. Le reste de la division serait 3. (Voir la démonstration aux notes 282.)

Nota. Les chiffres 2, 4, 6, 8, 0, étant seuls divisibles par 2, les nombres qui sont terminés par l'un ou l'autre de ces chiffres sont dits *nombres pairs,* parce qu'on peut les diviser en deux parties *pareilles*, c'est-à-dire égales.

Conséquence. — *Tout diviseur d'un nombre est diviseur d'un multiple quelconque de ce nombre.*

Ainsi, 2 étant diviseur de lui-même, est diviseur d'un multiple quelconque de 2; de 10, par exemple (10 = 2×5). En effet, puisque 10 est égal à 2 répété 5 fois = 2 + 2 + 2 + 2 + 2, il s'ensuit que 2 étant diviseur de ces nombres, est diviseur de leur somme, d'après le principe. Réciproquement, 10 est *divisible par* 2.

Remarque. — Lorsqu'un nombre se compose de deux parties, dont l'une est divisible et l'autre ne l'est pas, évidemment pour connaître le reste de la division, il suffit de diviser la seconde partie, *puisque c'est la seule qui donne un reste.*

Par la raison contraire, les nombres terminés par les chiffres 1, 3, 5, 7, 9, sont dits *nombres impairs*.

2e CARACTÈRE PAR 5.

86. Règle. — *Un nombre est divisible par 5 quand son premier chiffre à droite est divisible par 5* (même démonstration 282).

Nota. — Vu qu'il n'y a que les chiffres 0 et 5 qui soient divisibles par 5, les seuls nombres terminés par 0 ou par 5 seront divisibles par 5.

3e CARACTÈRE PAR 4.

87. Règle. — *Pour savoir si un nombre est divisible par 4, il n'y a qu'à faire attention à l'ensemble de ses deux premiers chiffres à droite ; si l'ensemble de ces deux chiffres est divisible par 4, tout le nombre le sera, et le reste ne change pas.*

Ainsi, le nombre 3616 est divisible par 4 parce que l'ensemble de ses deux premiers chiffres à droite, 16 est divisible par 4, et le nombre 3619 n'est par divisible

---

282) DÉMONSTRATION. — En effet, 3654 peut se décomposer en deux parties : 363 dizaines et 4 unités (3654 = 3650 + 4). Or, les dizaines sont des multiples de 10, et, par suite, de 2 (10 = 2×5); et, par suite, sont divisibles par 2 (conséquence précédente). On peut donc, d'après la remarque (281), les supprimer, et si l'autre partie 4, qui est le chiffre des unités, est divisible par 2, tout le nombre le sera.

Les nombres			
	357	450	12571
	4026	2235	5004
	508	7004	573
	56032	73	1002

sont-ils divisibles par 2? Indiquer les restes, et dire quels sont les nombres pairs et les nombres impairs.

par 4 parce que l'ensemble des deux chiffres 19 ne l'est
pas ; le reste de la division serait 3. (Voir la démonstration aux notes 283).

4ᵉ CARACTÈRE PAR 8.

88. Règle. — *Pour savoir si un nombre est divisible
par 8, il n'y a qu'à faire attention à l'ensemble de ses trois
premiers chiffres à droite. Si l'ensemble de ces trois chiffres
est divisible par 8, tout le nombre le sera, et le nombre ne
change pas.*

Ainsi, le nombre 45168 est divisible par 8 parce que
l'ensemble de ses trois premiers chiffres à droite, 168 est
divisible par 8, et le nombre 45164 n'est pas divisible
par 8, parce que 164 ne l'est pas. Le reste de la division
serait 4. (Voir la démonstration aux notes 285).

5ᵉ CARACTÈRE PAR 9 ET PAR 3.

89. Règle. — *Pour savoir si un nombre est divisible
par 9, il n'y a qu'à faire la somme de ses chiffres pris en*

---

283) DÉMONSTRATION. — En effet, le nombre 3616 peut se décomposer en deux parties : 36 centaines et 16 unités (3616 = 3600 + 16).
Or, les 36 centaines sont des multiples de 100, et, par suite, de 4
(100 = 4×25); et, par suite, sont divisibles par 4 (conséquence 281).
On peut donc, d'après la remarque (281), les supprimer, et si
l'autre partie, qui est l'ensemble des deux premiers chiffres à droite,
est divisible par 4, tout le nombre le sera.

284) NOTA. — Telle est la règle donnée pour savoir si une année
est bissextile : on divise par 4. Ainsi, l'année 1859 n'est pas bissextile, parce que 59 n'est pas divisible par 4 ; mais 1860 le sera,
parce que 60 est divisible par 4.

Indiquer les années bissextiles comprises entre l'année courante
et la fin du siècle.

285) DÉMONSTRATION. — En effet, le nombre 45168 peut se décomposer en deux parties : 45 mille et 168 unités (45168 = 45000 + 168).
Or, les 45 mille sont des multiples de 1000, et, par suite, de 8
(1000 = 8×125)..... Le reste comme plus haut (283).

valeur absolue. Si cette somme est divisible par 9, tout le nombre le sera, et le reste ne change pas.

Ainsi, soit le nombre 16542 dont la somme des chiffres $1+6+5+4+2=18$; cette somme 18 étant divisible par 9, tout le nombre le sera. Mais le nombre 16547, par exemple, donnant une somme $1+6+5+4+7=23$, non divisible par 9, ne sera pas lui-même divisible par 9. Le reste de la division serait 5. (Voir la démonstration aux notes 286).

90. Remarque. — 3 étant un *sous-multiple* de 9, il s'ensuit que tout ce que nous avons dit du chiffre 9 est également vrai du chiffre 3. Il n'y a donc qu'à faire la

---

286) Démonstration. — Pour démontrer ce caractère de divisibilité, deux points sont d'abord à remarquer :

1° Que tout nombre composé d'un ou de plusieurs 9, est un multiple de 9.

Ainsi :
$$9 = 9 \times 1$$
$$99 = 9 \times 11$$
$$999 = 9 \times 111$$

2° Que tout nombre composé de l'unité suivie d'un ou de plusieurs zéros, est un multiple de 9 augmenté de 1.

Ainsi :
$$10 = 9 + 1$$
$$100 = 99 + 1$$
$$1000 = 999 + 1$$

Cela posé, un nombre, quel qu'il soit, par exemple 16542, peut s'écrire de la manière suivante :

$$2 = \hspace{6cm} 2$$
$$40 = 4 \times 10 = 4\,(9+1) = \text{mult. de } 9 + 4.$$
$$500 = 5 \times 100 = 5\,(99+1) = \text{mult. de } 9 + 5.$$
$$6000 = 6 \times 1000 = 6\,(999+1) = \text{mult. de } 9 + 6.$$
$$10000 = 1 \times 10000 = 1\,(9999+1) = \text{mult. de } 9 + 1.$$

Tot. $16542 = \hspace{3cm} \text{mult. mult. de } 9 + 18.$

Nota. — La parenthèse indique qu'il faut multiplier ce qui est compris dedans successivement par les chiffres 4, 5, 6, 1.

Par où l'on voit qu'un nombre se compose de deux parties de plusieurs multiples de 9 qu'on peut supprimer, d'après la remarque (281), et de la somme des chiffres pris en valeur absolue. Si donc cette somme est divisible par 9, tout le nombre doit l'être.

somme des chiffres et à voir si cette somme est divisible par 3.

Nota. — L'emploi de ces caractères sera d'un fréquent usage pour la simplification des fractions.

§ II. PREUVE PAR 9 DE LA MULTIPLICATION ET DE LA DIVISION.

91. Multiplication.— Règle : Une croix étant faite, on écrit dans l'un des bras *le reste de la division par* 9 du multiplicande, puis dans le bras vis-à-vis, *le reste de la division par* 9 du multiplicateur. *On multiplie l'un par l'autre* les deux restes écrits, et *l'on divise encore par* 9 ce produit, écrivant le reste dans le bras supérieur de la croix. Il faut, pour que l'opération soit juste, que *le reste*

---

287) A diviser par 3, en appliquant le caractère de divisibilité, les nombres :

245	1803	120754
171534	30246	34271
2319	1378	5082
573	530452	100010

288) Démonstration. — Ceci est fondé sur cette remarque, que le multiplicande 43257, par exemple, peut être considéré comme composé de plusieurs multiples de 9 plus 3, et le multiplicateur 8204 comme également composé de différents multiples de 9 plus 5. Or, en multipliant les deux parties qui composent le multiplicande successivement par celles qui composent le multiplicateur, on voit que le produit se compose de 4 parties, dont 3 (1° 2°, 3°) sont des multiples de 9 (en effet, 3 multiplié par un multiple de 9 donne encore un multiple de 9, ainsi que 5), et par suite sont divisibles par 9. Si donc la quatrième partie 3×5, c'est-à-dire le produit des deux restes, est divisible par 9, tout le produit 354880428 devra l'être.

$$\begin{array}{c} \text{m. de } 9 + 3 \\ \text{m. de } 9 + 5 \\ \hline \text{m. m. } 9 + \quad \text{m.} 9 + \quad \text{m. } 9 + 3 \times 5 \\ \underbrace{\quad}_{1°} \quad \underbrace{\quad}_{2°} \quad \underbrace{\quad}_{3°} \quad \underbrace{\quad}_{4°} \end{array}$$

qu'on trouvera en divisant par 9 le produit qu'on veut vérifier, *soit égal* à ce dernier reste. (Voir la démonstration aux notes 288).

Exemple. — Faire la preuve par 9 de la multiplication suivante :

	Reste du produit $3 \times 5 = 15$	Reste du multiplicateur.
43257		
8204	6	5
173028		
86514		
346056	3	6
354880428		
	Reste du multiplicande.	Reste du produit à vérifier.

92. Division. — Règle : Dans la division, le dividende n'étant autre chose que le produit du diviseur par le quotient, plus le reste s'il y en a un, on commencera *par retrancher* le reste du dividende, puis on opèrera sur *le produit et les deux facteurs* comme dans la multiplication.

---

289) Démonstration. — Avant d'entreprendre cette démonstration, un principe reste à établir.

PRINCIPE.

290) *Tout diviseur de deux nombres est diviseur de leur différence.* Ainsi, 10 et 6 étant divisibles par 2, leur différence 4 est aussi divisible par 2. En effet, 10 étant divisible par 2, le quotient est un nombre exact 5 ; de même 6 étant divisible par 2, le quotient sera encore un nombre exact 3. Donc, le quotient de la différence 4 divisée par 2, sera encore un nombre exact. Donc... ce principe doit être rapproché du principe et de sa conséquence démontrés (281).

291) Cela posé, l'on sait que dans toute division le dividende se compose de deux parties : du produit du diviseur par le quotient, plus du reste s'il y en a un. En sorte que

$$236 = \overset{\text{1}^{\text{re}}\text{ partie}}{\overbrace{24 \times 9}} + \overset{\text{2}^{\text{e}}\text{ p.}}{\overbrace{20}}.$$

Exemple. — faire la preuve par 9 de la division :

$$\begin{array}{c|c}
18532 & 48 \\
413 & \overline{386} \\
292 & \\
4 &
\end{array}
\qquad
\begin{array}{l}
18532 \\
4 \\
\hline
18528 = 48 \times 386
\end{array}$$

$$\begin{array}{c|c}
6 & 8 \\
\hline
3 & 6
\end{array}$$

Neuvième Leçon.

§ III. RECHERCHE DU PLUS GRAND COMMUN DIVISEUR DE DEUX NOMBRES DONNÉS.

93. Définition. — Deux nombres peuvent être à la fois divisibles par plusieurs autres, et parmi ceux-ci, c'est le plus grand qu'on appelle le plus grand commun diviseur (p. g. c. d.) des deux nombres donnés.

Or, tout diviseur commun à 236 et à 24 divisant 24, doit diviser (24×9), multiple de 24, d'après la conséquence (281); et, par suite, doit diviser 20, différence entre le dividende et la première partie (290). Réciproquement, tout diviseur commun à 20 et à 24 divisant 24, doit diviser (24×9), d'après la même conséquence, et divisant les deux parties, il doit diviser par suite 236, qui est leur somme (281). Donc, le p. g. c. d. cherché entre 236 et 24 est le même que le p. g. c. d. entre 24 et le premier reste 20.

Ceci explique pourquoi on a fait la seconde division : afin de voir si 20 ne serait pas le p. g. c. d. cherché ; car 20 se divisant lui-même, s'il divisait 24, serait le p. g. c. d. demandé.

Mais comme il y a un reste 4, on est conduit encore à diviser 20 par 4 ; car on démontrerait, comme précédemment, au moyen de l'égalité

$$24 = 20 \times 1 + 4,$$

** Ainsi, 21 et 42 étant tous les deux divisibles par 7 et par 3, l'on voit que 7 est leur p. g. c. d.

94. Règle. — Pour chercher le plus grand commun diviseur de deux nombres donnés, *on divise le plus grand par le plus petit,* et si la division se fait exactement, le plus petit est le p. g. c. d. cherché, puisque, divisant le plus grand, il se divise évidemment lui-même.

** Si la division ne se fait pas exactement, on divise dans une seconde division *le nombre le plus petit par le premier reste;* dans une troisième, *le premier reste par le second;* dans une quatrième, *le second reste par le troisième et ainsi de suite* jusqu'à ce qu'on soit arrivé à un dernier reste égal à 0. *Le reste précédent est alors le p. g. c. d. cherché.*

* * Au lieu de faire les divisions séparément, on peut les réunir en écrivant les quotients au-dessus des diviseurs de la manière suivante :

Exemple. — Soit proposé de chercher le p. g. c. d. entre 236 et 24.

Quotients....	9	1	5
236	24	20	4
Reste...... ... 20	4	0	

4 est donc le p. g. c. d. demandé (démonstration 289).

---

que le p. g. c. d. entre 24 et le premier reste 20, est le même que le p. g. c. d. entre le premier reste 20 et le second reste 4. Comme la division se fait exactement, on en conclut que 4 est le p. g. c. d. entre 20 et 24, et, par suite, entre 24 et 236.

Soit proposé de chercher le p. g. c. d. entre les nombres :

292)	207 et 15	293)	1562 et 484
	1005 et 48		128 et 110
	12614 et 654		1246 et 126
	6472 et 125		338 et 212
	27304 et 13642		9644 et 815

95. Remarque. — Si aucun des restes successifs ne divisait le précédent, on serait sûr d'arriver à un dernier reste égal à l'unité. Dans ce cas, les deux nombres n'ayant d'autres p. g. c. d. que l'unité, seraient dits premiers entr'eux.

§ IV. DÉCOMPOSITION D'UN NOMBRE EN SES FACTEURS PREMIERS.

96. Définition. — I. Deux nombres sont dits *premiers entr'eux* quand ils n'ont d'autre commun diviseur que l'unité.

** Ainsi, 29 et 12 sont des nombres premiers entr'eux.

** Un nombre est dit *nombre premier* quand il n'a d'autre diviseur que lui-même ou l'unité

** Ainsi, 29 est un nombre premier, mais 12 étant divisible par 2, 6, 3 n'est pas un nombre premier. (Il suffit qu'entre deux nombres donnés, l'un des deux soit un nombre premier, pour que tous les deux soient *des nombres premiers entr'eux*).

** Les nombres premiers compris entre 0 et 20, par exemple, sont 1, 2, 3, 5, 7, 11, 13, 17, 19. Les nombres

---

FORMATION D'UNE LISTE DE NOMBRES PREMIERS,
par la méthode dite *crible d'Eratosthène.*

Supposons qu'on demande de former une liste de nombres premiers, depuis 1 jusqu'à 150.

294) RÈGLE. — Après avoir écrit les nombres impairs compris dans cette limite (les nombres pairs sont laissés de côté comme étant tous divisibles par 2), on supprime les multiples de 3 en barrant de 3 rangs en 3 rangs (le chiffre 3 non compris); de même, on supprime les multiples de 5 en barrant de 5 rangs en 5 rangs, le chiffre 5 non compris (il suffirait ici de partir du multiple $25 = 5 \times 5$, car le multiple 15, étant un multiple de 3 aussi bien que de 5, a dû être déjà barré avec les multiples de 3). On continue en supprimant les multiples de 7, ce que l'on fait en barrant de 7 en

pairs intermédiaires ne sont pas nombres premiers comme étant divisibles par 2, et les nombres 9, 15, ne le sont point non plus comme divisibles par 3, ou par 3 et par 5 à la fois (294).

** II. Quand un nombre n'est pas un nombre premier, il est divisible par d'autres nombres que par lui-même et par l'unité. 21, par exemple, est divisible par 7 et par 3, et ces nombres 7 et 3 sont dits indifféremment les *diviseurs*, les *sous-multiples* ou les *facteurs* premiers de 21.

** III. Si un nombre était pris 2, 3, 4 fois comme facteur, les produits seraient dits les puissances 2e (ou carrée), 3e (ou cubique), 4e de ce nombre.

Ainsi, 4, 8, 16, sont les puissances 2e, 3e, 4e de 2, car $4 = 2 \times 2$; $8 = 2 \times 2 \times 2$; $16 = 2 \times 2 \times 2 \times 2$ et l'on écrit le degré de la puissance au moyen d'un petit chiffre (exposant), placé à droite du nombre et un peu en haut, de la manière suivante : $2^2 = 4$; $2^3 = 8$; $2^4 = 16$.

97. Règle. — *Pour décomposer un nombre en ses facteurs premiers, on divise le nombre donné successivement*

---

7 rangs à partir de $49 = 7 \times 7$. Car les multiples inférieurs $35 = 7 \times 5$, $21 = 7 \times 3$ ont dû être déjà barrés avec les multiples de 5 ou de 3. Enfin on barre les multiples de 11 en allant de 11 rangs en 11 rangs à partir de $121 = 11 \times 11$, et l'on a ainsi la liste demandée :

Liste des nombres premiers, depuis 1 jusqu'à 150.

1	2	3	5	7	9	11	13	15	17	19
21	23	25	27	29	31	33	35	37	39	41
43	45	47	49	51	53	55	57	59	61	63
65	67	69	71	73	75	77	79	81	83	85
87	89	91	93	95	97	99	101	103	105	107
109	111	113	115	117	119	121	123	125	127	129
131	133	135	137	139	141	143	145	147	149	

*par la suite des nombres premiers, 2, 3, 5, 7, 11, 13.....
à partir de 2 inclusivement, et l'on ne passe au facteur 3
qu'après que le facteur 2 a été épuisé, de même pour les
suivants, disposant les calculs comme l'indique l'exemple
suivant.*

Exemple. — Soit à décomposer le nombre 27720 en
ses facteurs premiers.

$$
\begin{array}{r|l}
27720 & 2 \\
13860 & 2 \\
6930 & 2 \\
3465 & 3 \\
1155 & 3 \\
385 & 5 \\
77 & 7 \\
11 & 11
\end{array}
$$

** Le nombre 27720 étant divisible par 2 (85) on fait
la division, ce qui donne pour quotient 13860; ce nombre

DÉMONSTRATION. — Il est évident que les multiples de 3 sont de
3 en 3 rangs, les multiples de 5, de 5 en 5 rangs..., puisque chaque
intervalle étant de deux unités, et le nombre de ces intervalles
étant de 3, de 5....., cela revient à ajouter 2×3, c'est-à-dire
un multiple de 3 au nombre 3, et 2×5, c'est-à-dire un multiple
de 5 au nombre 5; ce qui doit encore donner des multiples de 3 et
des multiples de 5, etc.

295) DÉMONSTRATION. — Les facteurs $2^3 \times 3^2 \times 5 \times 7 \times 11$ sont bien
les facteurs premiers du nombre 27720, car il n'y aurait qu'à rem-
placer *dans la première division*

$$27720 = 2 \times 13860$$

le nombre 13860 par sa valeur que donne la seconde division

$$13860 = 2 \times 6930,$$

puis le nombre 6930 par sa valeur que fournit la troisième division

$$6930 = 2 \times 3465.$$

Ainsi de suite, et après autant de substitutions qu'on a fait de
divisions, on trouverait finalement que

$$27720 = 2^3 \times 3^2 \times 5 \times 7 \times 11.$$

296) Pour démontrer ce principe, trois autres sont à démontrer.

étant encore divisible par 2, division faite, on trouve
pour second quotient 6930, lequel est encore divisible
par 2; mais le troisième quotient 3465 n'est plus divisible par 2, il l'est par 3 (90); ainsi que le suivant 1155.
Arrivé au quotient 385, on voit qu'il n'est plus divisible
par 3, mais qu'il l'est par 5 (86); on continue ainsi
jusqu'à ce qu'on soit arrivé à un quotient compris
dans la liste des nombres premiers (294), et l'on a
$27720 = 2^3 \times 3^2 \times 5 \times 7 \times 11$ (démonstration 295).

98. Applications. — La décomposition d'un nombre
en ses facteurs premiers, sert à résoudre deux questions
dont l'une déjà résolue par une autre voie (94), sera

1er PRINCIPE.

*Tout nombre diviseur de deux autres divise aussi leur
p. g. c. d.* Ainsi, 2 étant diviseur de 236 et de 24, nombres pairs,
divise aussi leur p. g. c. d., qui est 4. En effet, nous avons
établi (289) que tout diviseur commun au nombre le plus grand et
au plus petit, divisait aussi le premier reste, et que tout diviseur
commun au nombre le plus petit et au premier reste, divisait aussi
le second, puis le troisième, jusqu'au dernier, qui est précisément
le p. g. c. d. Donc...

2e PRINCIPE.

297) *Tout nombre premier qui divise un produit et qui est
premier avec l'un des facteurs, doit diviser l'autre facteur.*
Soit le nombre 4 divisant le produit $7 \times 8 = 56$, et soit 4 premier
avec 7. Je dis que 4 doit diviser l'autre facteur 8. En effet, puisque
4 est premier avec 7, ces deux nombres 7 et 4 n'ont d'autre commun diviseur que l'unité, et appliquant la règle (94), on trouverait
pour dernier reste l'unité.

7	4	R	1
R	1	0	

7×8	4×8	
		1×8
		dernier reste.

utile pour la simplification des fractions, et dont l'autre servira à trouver le plus petit dénominateur commun à plusieurs fractions données.

99. Première question. — Trouver le p. g. c. d. entre plusieurs nombres donnés.

Règle. — *Après avoir décomposé les nombres donnés chacun en ses facteurs premiers, on prend les facteurs communs marqués chacun de l'exposant le plus faible, et on en fait le produit. Ce produit est le p. g. c. d. demandé.*

Exemple :

1890	2		495	3
945	3		165	3
315	3		55	5
105	3		11	11
35	5			
7	7			

L'on a donc $1890 = 2 \times 3^3 \times 5 \times 7$ et $495 = 3^2 \times 5 \times 11$ par où l'on voit que les seuls facteurs communs sont 3 et 5, les facteurs 2 et 7 ne se trouvant que dans le premier nombre et le facteur 11 dans le second; il faut d'ailleurs, d'après la règle, prendre 3^2 et non 3^3. Le p. g. c. d. est donc $3^2 \times 5 = 45$.

**Trouver, d'après cette règle, le p. g. c. d. des nombres :

390 et 117	1750 et 1225	3089 et 231
19965 et 2541	19602 et 2955	686 et 490

Or, l'on sait (47), qu'en multipliant dividende 7 et diviseur 4 par le même nombre 8, le premier reste et par suite le second, jusqu'au dernier, qui est l'unité, est aussi multiplié par 8. Mais 4 divise par supposition le nouveau dividende 7×8; il divise aussi le nouveau diviseur 4×8 (multiple de 4). Donc, d'après le principe précédent, il doit diviser le nouveau p. g. c. d., qui est 1×8, c'est-à-dire 8.

298) Remarque. — Si le produit se composait de plus de deux facteurs, de 3 par exemple, le cas se ramènerait facilement au précédent en effectuant le produit de 2 d'entre eux; et de 3 si le produit se composait de 4 facteurs ; ainsi de suite.

100. Deuxième question. — Trouver le plus petit nombre divisible par plusieurs nombres donnés.

Règle. — Après avoir décomposé les nombres donnés en leurs facteurs premiers, *on prend tous les facteurs différents marqués chacun de l'exposant le plus élevé et on en fait le produit.* Ce produit est le plus petit nombre divisible par les nombres donnés.

Exemple. — Soit proposé de trouver le plus petit nombre divisible par les trois nombres :

$$
\begin{array}{r|l \qquad r|l \qquad r|l}
1750 & 2 & 1225 & 5 & 490 & 2 \\
875 & 5 & 245 & 5 & 245 & 5 \\
175 & 5 & 49 & 7 & 49 & 7 \\
35 & 5 & 7 & 7 & 7 & 7 \\
7 & 7 & & & & \\
\end{array}
$$

$$1750 = 2 \times 5^3 \times 7 \qquad 1225 = 5^2 \times 7^2 \qquad 490 = 2 \times 5 \times 7^2$$

Après avoir décomposé les trois nombres, l'on voit que les facteurs différents marqués de l'exposant le plus élevé sont 2, 5^3, 7^2. Il n'y a point d'autres facteurs que ceux-là ni d'un exposant plus élevé; donc, le produit de

---

3e PRINCIPE.

299) *Il n'existe, pour un nombre donné, qu'un système de facteurs premiers.* En effet, représentant ces facteurs premiers par des lettres, supposons qu'il y en ait 2 systèmes :

$$abcd = ABCD.$$

Le produit *abcd* étant divisible par *a* comme son multiple (conséq., 281), son égal ABCD doit l'être également, et si *a* est premier avec BCD, il devra diviser A (298). Mais *a* et A sont des nombres premiers. Donc *a* ne peut diviser A, à moins qu'il ne lui soit égal. Divisons les deux produits par *a* = A ; les produits restants *abd* et BCD seront encore égaux, et l'on aura

$$bcd = BCD.$$

Appliquant aux facteurs suivants le raisonnement précédent, on ferait voir que *b* = B, que *c* = C. Donc, les produits *abcd*, ABCD sont composés des mêmes facteurs premiers.

ces trois nombres qui égale 12250 est le plus petit nombre divisible demandé.

** La démonstration des deux règles précédentes est fondée sur ce principe que, pour qu'un nombre en divise un autre, il faut et il suffit *que tous les facteurs de ce dernier soient compris dans les facteurs du premier* (297).

Trouver le plus petit divisible par les nombres :

90	1360	4410
180	2695	6860
360	5408	5684

---

300) CONSÉQUENCE. — Les trois principes démontrés, notre principe, savoir : que pour qu'un nombre en divise un autre, *il faut que tous les facteurs du premier soient compris dans les facteurs du second*, l'est également ; car supposons le nombre $495 = 3^2 \times 5 \times 11$. Si ce nombre 495 était divisible, par exemple, par $21 = 3 \times 7$ (le facteur 7 n'est pas compris dans les facteurs de 495), en désignant le quotient de cette division par Q, on aurait

$$495 = Q \times 3 \times 7 ;$$

et l'on a d'ailleurs

$$495 = 3^2 \times 5 \times 11.$$

Il s'ensuivrait donc que le nombre 495 pourrait se décomposer en deux systèmes de facteurs premiers ; ce qui est impossible.

LIVRE IV.

Dixième Leçon.

FRACTIONS ORDINAIRES.

§ Ier.

101. Définition. — On entend par *fractions une ou plusieurs parties égales de l'unité.*

Supposons le franc partagé en 20 sous; chaque sou sera, par suite, la vingtième partie ou un vingtième du franc; et si l'on en prend 5, 10, 15, l'on aura 5, 10, 15 vingtièmes de franc; ou, en d'autres termes, le quart, la moitié, les trois-quarts du franc... autant de fractions du franc.

102. Origine des fractions. — On a été conduit à imaginer les fractions par le besoin de se faire une idée exacte des grandeurs.

Exercices sur les Fractions.

301) Ecrire les fractions huit *neuvièmes;* treize *quatorzièmes;* seize *vingt-troisièmes;* trente-sept *soixante-septièmes;* cent dix-sept *quatre cent treizièmes;* cent sept *douze cent quinzièmes;* mille dix-neuf *treize cent vingt-troisièmes;* sept mille cent trente-un *douze mille cinq cent trente-sixièmes;* onze mille neuf *quarante-deux mille cent cinquante quatrièmes;* six cent quatre-vingt-douze *quarante-deux mille deux cent quinzièmes.*

Supposons, par exemple, qu'on ait un mur à mesurer et qu'on y puisse porter l'unité de longueur qui est le mètre 5 fois. L'on dira que ce mur a 5 mètres de longueur. Mais, s'il y a un reste de mur à mesurer, plus petit que le mètre, comment se faire une idée exacte de ce reste? On y parvient en partageant le mètre en un certain nombre de parties *égales*; par exemple en 7, de sorte que chacune de ces subdivisions soit un septième du mètre; puis on se sert d'une de ces parties comme d'une nouvelle unité que l'on porte sur le reste à mesurer, et si elle peut y entrer trois fois par exemple, on dira que le mur a 5 mètres 3 septièmes de mètre.

103. Numération des fractions. — On écrit les fractions en mettant un nombre au-dessus de l'autre et en les séparant par un trait. Le nombre inférieur, qu'on appelle *dénominateur*, indique *en combien de parties égales l'unité a été divisée*, et le nombre supérieur, appelé *numérateur*, indique *combien l'on prend de ces parties*. Ainsi, dans l'exemple précédent, trois septièmes s'écrira $\frac{3}{7}$; le dénominateur 7 exprimant que l'unité, qui est ici le mètre, a

---

302) Enoncer les fractions

$$\frac{7}{11} \quad \frac{14}{19} \quad \frac{56}{79} \quad \frac{61}{92} \quad \frac{114}{874} \quad \frac{215}{357} \quad \frac{1357}{6482} \quad \frac{873}{9214} \quad \frac{1102}{3457} \quad \frac{20345}{450072}$$

$$\frac{783457}{1204803} \quad \frac{1}{2} \quad \frac{1}{3} \quad \frac{1}{4}$$

303) Rendre 5 fois plus grandes les fractions

$$\frac{3}{7} \quad \frac{4}{9} \quad \frac{7}{11} \quad \text{et} \quad \frac{13}{20} \quad \frac{11}{15} \quad \frac{6}{35}$$

304) Rendre 4 fois plus grandes les fractions

$$\frac{1}{2} \quad \frac{6}{7} \quad \frac{18}{19} \quad \text{et} \quad \frac{9}{16} \quad \frac{7}{20} \quad \frac{19}{24}$$

305) Rendre 7 fois plus petites les fractions

$$\frac{5}{6} \quad \frac{12}{17} \quad \frac{21}{30} \quad \text{et} \quad \frac{14}{19} \quad \frac{21}{59} \quad \frac{77}{84}$$

été partagée en 7 parties *égales*, et le numérateur 3 exprimant que l'on prend 3 de ces parties.

On énonce le numérateur toujours le premier, puis le dénominateur, qu'on accompagne de la terminaison *ième*. Ainsi, $\frac{3}{7}$ s'énoncera trois sept *ièmes*; il n'y a d'exception que pour les fractions $\frac{1}{2}$, $\frac{1}{3}$, $\frac{1}{4}$ qu'on énonce la moitié ou un *demi*, un *tiers*, un *quart* et non un deuxième, un troisième, un quatrième.

Les deux nombres réunis s'appellent les *deux termes* de la fraction.

Dans une fraction *proprement dite*, le numérateur est toujours plus faible que le dénominateur.

CONSÉQUENCES.

De cette manière de considérer et de définir les fractions, il suit :

104. Première conséquence. — *Qu'une fraction augmente ou diminue, quand on augmente ou qu'on diminue le numérateur, le dénominateur restant le même.* En effet, les parties de l'unité restant les mêmes, puisque le dénominateur ne change pas, il est évident que plus on en prendra, plus la fraction sera grande. Ainsi, $\frac{15}{20}$ est plus grand que $\frac{10}{20}$ et $\frac{10}{20}$ plus grand que $\frac{5}{20}$.

---

306) Rendre trois fois plus petites les fractions :

$$\frac{9}{14}, \quad \frac{54}{67}, \quad \frac{27}{44}, \quad \frac{36}{58}, \quad \frac{18}{55}, \quad \frac{93}{114}, \quad \frac{12}{19}, \quad \frac{75}{102}, \quad \frac{108}{2542}.$$

307) De combien de manières peut-on rendre une fraction un certain nombre de fois plus grande ou plus petite ?

Rendre successivement 5 fois plus grande et 5 fois plus petite la fraction $\frac{5}{15}$.

105. Deuxième conséquence. — *Qu'une fraction augmente quand le dénominateur diminue, et qu'au contraire une fraction diminue quand le dénominateur augmente, le numérateur restant d'ailleurs le même.* En effet, il est évident que moins il y aura à l'unité de parties égales, plus ces parties seront grandes, et plus il y en aura plus ces parties seront petites. Or, on en prend dans les deux cas le même nombre, vu que le numérateur ne change pas ; donc, daus le premier cas, la fraction est plus grande, et plus petite dans le second. Ainsi, $\frac{5}{10}$ est plus grand que $\frac{5}{20}$, et $\frac{5}{40}$ plus petit que $\frac{5}{20}$.

106. Troisième conséquence. — *Qu'une fraction ne change pas quand on multiplie ou qu'on divise à la fois les deux termes par le même nombre.* En effet, si, en multipliant, par exemple, le dénominateur par 2, 3, 4... on rend la fraction 2, 3, 4... fois plus petite (105); d'un autre côté, en multipliant le numérateur par 2, 3, 4... on rend cette même fraction 2, 3, 4... fois plus grande (104), ce qui établit la compensation. Le raisonnement serait le même, si au lieu de multiplier on divisait.

Cette troisième conséquence sert :

1º A simplifier les fractions;

---

308) Indiquer parmi les fractions suivantes, celles qui sont égales à l'unité, celles qui lui sont supérieures et inférieures, et donner en même temps la règle :

$$\frac{3}{8}, \quad \frac{3}{3}, \quad \frac{9}{4}, \quad \frac{5}{5}, \quad \frac{3}{7}, \quad \frac{9}{2}, \quad \frac{17}{17}, \quad \frac{29}{12}, \quad \frac{19}{32}, \quad \frac{23}{45}, \quad \frac{15}{6}.$$

309) On veut partager 5 pommes entre 8 enfants ; combien aura chacun d'eux ?

Raisonnement. — S'il n'y avait qu'une pomme à partager entre 8, chaque enfant aurait $\frac{1}{8}$ de pomme, et puisqu'il y en a 5, chacun d'eux aura 5 fois plus, c'est-à-dire $\frac{5}{8}$ de pomme.

2º A réduire plusieurs fractions au même dénominateur.

§ II.

SIMPLIFICATION DES FRACTIONS.

Nous avons vu (101) qu'il revenait au même de dire $\frac{5}{20}$, $\frac{10}{20}$, $\frac{15}{20}$ de franc, ou $\frac{1}{4}$, $\frac{1}{2}$, $\frac{3}{4}$ de franc. Ces fractions $\frac{5}{20}$ et $\frac{1}{4}$, $\frac{10}{20}$ et $\frac{1}{2}$, $\frac{15}{20}$ et $\frac{3}{4}$ sont donc *équivalentes* (sans toutefois être *égales*), et les dernières $\frac{1}{4}$, $\frac{1}{2}$, $\frac{3}{4}$ sont d'une expression plus simple que les premières. Or, il importe souvent, dans la pratique, d'obtenir les fractions sous leur expression la plus simple.

107. Règle. — Pour simplifier une fraction, *on divise ses deux termes par le même nombre autant de fois que la division est possible : d'abord par* 2, *ensuite par* 3, *puis par* 5... (en appliquant les caractères de divisibilité 85 et suiv.).

Exemple. — Soit à simplifier la fraction $\frac{54}{72}$; les deux termes étant divisibles par 2, puisque ce sont des nombres pairs, on obtient $\frac{27}{36}$. Les deux termes de cette nouvelle

---

310) Si une fontaine met 7 heures à remplir un bassin, combien en remplira-t-elle en 3 heures?

Raisonnement. — En 1 heure elle en remplira $\frac{1}{7}$, et en 3 heures elle en remplira $\frac{3}{7}$.

311) Un capital de 115 francs rapporte 7 francs d'intérêt. Quel capital faudra-t-il pour rapporter 1 franc?

Raisonnement. — Si 7 francs sont les intérêts de 115 francs, 1 franc sera l'intérêt d'un capital 7 fois moindre, c'est-à-dire $\frac{115}{7} = 16\frac{3}{115}$.

fraction ne sont plus divisibles par 2, mais ils le sont par 3, d'où il vient $\frac{9}{12}$ encore divisibles par 3, ce qui donne enfin $\frac{3}{4}$, fraction la plus simple à laquelle on puisse réduire la fraction donnée $\frac{54}{72}$.

Démonstration. — La fraction $\frac{3}{4}$ est réellement équivalente à la fraction $\frac{54}{72}$, puisqu'on est passé de l'une à l'autre en divisant successivement les deux termes par le même nombre, ce qui n'altère pas la valeur d'une fraction (106).

108. Remarque. — Le moyen le plus direct, quoiqu'il ne soit pas le plus usité, de simplifier une fraction, serait de diviser les deux termes par leur plus grand commun diviseur, qu'on trouverait par une des méthodes indiquées (94, 99).

§ III.

RÉDUCTION DES FRACTIONS AU MÊME DÉNOMINATEUR.

Définition. — Réduire des fractions données au même dénominateur, c'est les convertir en des fractions équivalentes aux premières et ayant toutes le même dénomina-

---

Simplification des fractions.

312) Simplifier :

$$\frac{16}{2614},\ \frac{608}{810},\ \frac{54}{69},\ \frac{813}{174},\ \frac{8154}{1236},\ \frac{42}{5643},\ \frac{548}{912},\ \frac{1860}{43358},$$

$$\frac{812}{925},\ \frac{75}{645},\ \frac{90}{1050},\ \frac{216}{612},\ \frac{828}{33416},\ \frac{819}{2961},\ \frac{4572}{34722},$$

$$\frac{14994000}{32989820},\ \frac{144}{216},\ \frac{5082}{3328},\ \frac{1248}{7.00},\ \frac{6336}{9304}.$$

teur. Nous distinguerons deux cas, suivant qu'il n'y a que deux fractions, suivant qu'il y en a un plus grand nombre.

1er CAS.

Celui de 2 fractions.

109. Règle. — *Il faut multiplier les deux termes de la première par le dénominateur de la seconde, et les deux termes de la seconde par le dénominateur de la première.*
Exemple :

$$\frac{3}{4}, \quad \frac{5}{6}.$$

On multiplie successivement les deux termes 3 et 4 de la première fraction par 6, ce qui donne $\frac{18}{24}$; puis, passant à la seconde, on multiplie les deux termes 5 et 6 par 4, ce qui donne $\frac{20}{24}$, et l'on dispose les calculs de la manière suivante :

$$\frac{3}{4} = \frac{3\times6}{4\times6} = \frac{18}{24}$$

$$\frac{5}{6} = \frac{5\times4}{6\times4} = \frac{20}{24}$$

Réduction au même dénominateur.

313) Réduire au même dénominateur les fractions suivantes :

$$\frac{6}{7}, \ \frac{12}{13}; \quad \frac{7}{8}, \ \frac{3}{5}, \ \frac{8}{11}; \quad \frac{3}{8}, \ \frac{15}{17}, \ \frac{19}{21}; \quad \frac{5}{8}, \ \frac{4}{7}, \ \frac{16}{17}, \ \frac{9}{16}.$$

314) $$\frac{3}{4}, \ \frac{7}{8}, \ \frac{5}{7}, \ \frac{11}{14}; \quad \frac{5}{8}, \ \frac{7}{11}, \ \frac{4}{27}, \ \frac{12}{19}; \quad \frac{17}{31}, \ \frac{4}{11}.$$

$$\frac{5}{8}, \ \frac{6}{13}, \ \frac{4}{17}, \ \frac{5}{14}; \quad \frac{4}{50}, \ \frac{9}{14}, \ \frac{5}{8}, \ \frac{6}{13}, \ \frac{4}{19}, \ \frac{5}{12}.$$

Démonstration. — Évidemment, les nouvelles fractions $\frac{18}{24}$, $\frac{20}{24}$ sont équivalentes aux premières $\frac{3}{4}$, $\frac{5}{6}$, puisqu'on a successivement multiplié les deux termes de celles-ci par le même nombre; ce qui n'altère pas leur valeur (106). Et, d'ailleurs, elles ont même dénominateur, puisqu'on a pour l'une multiplié 4 par 6, et pour l'autre 6 par 4; ce qui n'altère pas le produit (35).

2e CAS.

Celui de plusieurs fractions.

110. Règle. — *Il faut multiplier les deux termes de chaque fraction par le produit des dénominateurs de toutes les autres.*

Exemple :

$$\frac{3}{4}, \ \frac{5}{6}, \ \frac{6}{7}, \ \frac{7}{8}$$

Ainsi on multiplie d'abord les deux termes de la fraction $\frac{3}{4}$ par le produit $6 \times 7 \times 8 = 336$ des autres dénominateurs; puis, passant à la seconde $\frac{5}{6}$, on multiplie ses deux termes 5 et 6 par le produit $4 \times 7 \times 8 = 224$ des dénominateurs différents. Passant à la troisième, on multiplie ses deux termes $\frac{6}{7}$ par le produit des dénominateurs $4 \times 6 \times 8 = 192$; et enfin, arrivés à la dernière $\frac{7}{8}$, on multiplie ses deux termes par le produit $4 \times 6 \times 7 = 168$

---

315) $\dfrac{67}{438}$, $\dfrac{58}{749}$, $\dfrac{261}{624}$, $\dfrac{1017}{2315}$; $\dfrac{7}{8}$, $\dfrac{6}{14}$, $\dfrac{8}{13}$, $\dfrac{12}{21}$,

$\dfrac{46}{93}$; $\dfrac{65}{438}$, $\dfrac{58}{629}$, $\dfrac{284}{627}$, $\dfrac{597}{1122}$.

des dénominateurs autres que celui de la fraction considérée. Les calculs se disposent comme il suit :

$$\frac{3}{4} = \frac{3\times6\times7\times8}{4\times6\times7\times8} = \frac{1008}{1344}$$

$$\frac{5}{6} = \frac{5\times4\times7\times8}{6\times4\times7\times8} = \frac{1120}{1344}$$

$$\frac{6}{7} = \frac{6\times4\times6\times8}{7\times4\times6\times8} = \frac{1152}{1344}$$

$$\frac{8}{8} = \frac{7\times4\times6\times7}{8\times4\times6\times7} = \frac{1176}{1344}$$

Démonstration. — Cela revient, comme l'indique le tableau lui-même du calcul, à multiplier les deux termes de chaque fraction par le même nombre ; ce qui n'altère pas la fraction (106) ; et, d'ailleurs, le dénominateur reste le même, puisqu'on fait le produit des mêmes facteurs dans un ordre différent ; ce qui n'altère pas le produit (36).

Nota. — On voit en même temps par là qu'il suffit d'effectuer une fois pour toutes le produit des dénominateurs.

CAS PARTICULIERS.

111. Il est des cas où l'on peut prendre pour dénominateur commun *un nombre plus faible que celui qui résulterait de la multiplication de tous les dénominateurs.*

---

326)   Quelle est la plus grande des fractions :

$$\frac{11}{16}, \ \frac{9}{13}; \quad \frac{8}{9}, \ \frac{4}{7}, \ \frac{51}{113}; \quad \frac{2}{3}, \ \frac{3}{4}, \ \frac{6}{10}, \ \frac{44}{77}.$$

Exemple. — Ainsi, si l'on avait $\frac{2}{3}$, $\frac{5}{21}$ à réduire au même dénominateur, au lieu de prendre pour dénominateur commun $3 \times 21 = 63$, il y aurait avantage à multiplier les deux termes de la première fraction par 7; ce qui donnerait $\frac{14}{21}$; et alors le dénominateur commun serait 21, au lieu d'être 63, et l'on aurait pour nouvelles fractions $\frac{14}{21}$, $\frac{5}{21}$.

112. Première remarque. — C'est l'usage qui, dans la plupart des cas, indique, au premier coup d'œil, le nombre qu'il faut prendre pour dénominateur commun, soit que ce dénominateur commun soit exprimé parmi les dénominateurs donnés, comme dans l'exemple précédent, soit qu'il faille auparavant multiplier l'un d'eux par un certain nombre, par 2, par 3, par 4, par 5.....

Exemple. — Ainsi, si l'on avait les fractions

$$\frac{3}{4}, \quad \frac{6}{7}, \quad \frac{9}{14}$$

on voit qu'il n'y a pas de nombre qui, multiplié par $\frac{3}{4}$, donne au dénominateur 14. Alors, que fait-on? On multiplie le dénominateur 14 par 2, ce qui donne 28, et on voit qu'en multipliant les deux termes de $\frac{3}{4}$ par 7 et les deux termes de $\frac{6}{7}$ par 4, l'on aura pour dénominateur commun 28, nombre beaucoup plus faible que 395, produit résultant des trois dénominateurs $4 \times 7 \times 14$. Les nouvelles fractions sont donc

$$\frac{21}{28}, \quad \frac{24}{28}, \quad \frac{18}{28}$$

113. Deuxième remarque. — Il est à remarquer que, dans le premier exemple, le nombre 7, par lequel on a multiplié la fraction $\frac{2}{3}$, est le quotient du dénominateur commun 21 par le dénominateur 3 de la fraction $\frac{2}{3}$. De même, dans le second cas, les nombres 7, 4 et 2, par lesquels on a multiplié les fractions $\frac{3}{4}$, $\frac{6}{7}$, $\frac{9}{14}$, sont les quotients du dénominateur commun 28 par les dénominateurs respectifs 4, 7 et 14. C'est ce qui a fait donner à cette méthode le nom de *méthode des quotients*, et les calculs peuvent se disposer de la manière suivante :

$$\begin{array}{c} \text{Dénominateur} \\ \text{commun.} \\ 28 \end{array} \qquad \frac{3}{4}, \quad \frac{6}{7}, \quad \frac{9}{14}$$

$$\text{ligne des quotients...} \quad 7 \quad\quad 4 \quad\quad 2$$

$$\frac{21}{28}, \quad \frac{24}{28}, \quad \frac{18}{28}$$

Nota. — La réduction des fractions au même dénominateur sert à l'addition et à la soustraction des fractions, c'est-à-dire à réunir plusieurs fractions données en une seule, et à voir, de deux fractions données, laquelle est la plus grande et de combien.

Onzième Leçon.

§ IV.

ADDITION DES FRACTIONS.

1er CAS.

Quand les fractions ont même dénominateur.

114. Règle. — *On ajoute les numérateurs et on donne à cette somme pour dénominateur le dénominateur commun.*

Exemple. — Ainsi

$$\frac{7}{8} + \frac{3}{8} + \frac{5}{8} = \frac{15}{8}$$

Démonstration. — En effet, puisque le dénominateur indique de quelles parties d'unité il s'agit, il ne doit pas changer. Si donc on ajoute tous les numérateurs, on aura le total que l'on prend de ces parties.

2e CAS.

Quand les fractions n'ont pas même dénominateur.

115. Règle. — *On commence par les réduire au même dénominateur ; puis on opère comme dans le cas précédent.*

Exemple :

Sommes des numérateurs.

Fractions données.. $\dfrac{3}{4}$, $\dfrac{6}{7}$, $\dfrac{9}{14}$

$\dfrac{21}{24}$

$\dfrac{18}{63}$

Total.

Fractions réduites.. $\dfrac{21}{28} + \dfrac{24}{28} + \dfrac{18}{28} = \dfrac{63}{28}$

Addition des fractions.

327) $\dfrac{3}{4} + \dfrac{2}{3} + \dfrac{5}{6} + \dfrac{7}{2}$.

$\dfrac{5}{8} + \dfrac{7}{9} + \dfrac{11}{12} + \dfrac{3}{10}$.

$\dfrac{13}{15}$, $\dfrac{3}{8}$, $\dfrac{15}{18}$, $\dfrac{8}{9}$.

328) $\dfrac{11}{24} + \dfrac{7}{32} + \dfrac{9}{12} + \dfrac{1}{8} + \dfrac{15}{16}$.

$\dfrac{5}{9} + \dfrac{23}{27} + \dfrac{32}{45} + \dfrac{17}{18} + \dfrac{21}{20}$.

$\dfrac{3}{5} + \dfrac{7}{10} + \dfrac{12}{25} + \dfrac{23}{30} + \dfrac{12}{15} + \dfrac{17}{4}$.

Démonstration. — En effet, puisqu'on ne peut faire une somme que d'unités ou de parties d'unité de même espèce, il faut évidemment commencer par réduire les fractions au même dénominateur, et puis opérer comme le prescrit la règle précédente.

§ V.

SOUSTRACTION DES FRACTIONS.

1er CAS.

Quand les fractions ont même dénominateur.

116. Règle. — *On retranche le numérateur de la plus petite du numérateur de la plus grande, et on donne à ce reste pour dénominateur le dénominateur commun.*

Exemple :

$$\frac{6}{7} - \frac{4}{7} = \frac{2}{7}$$

---

329) $\dfrac{3}{7} + \dfrac{19}{28} + \dfrac{32}{35} + \dfrac{28}{49} + \dfrac{35}{63}$.

$\dfrac{15}{16} + \dfrac{49}{64} + \dfrac{27}{32} + \dfrac{11}{48} + \dfrac{19}{24}$.

$\dfrac{120}{160} + \dfrac{59}{90} + \dfrac{112}{120} + \dfrac{127}{180} + \dfrac{215}{360}$.

Soustraction des fractions.

330) $\dfrac{3}{2} - \dfrac{3}{7}$; $\dfrac{1}{4} - \dfrac{1}{8}$; $\dfrac{3}{5} - \dfrac{2}{9}$.

$\dfrac{12}{15} - \dfrac{11}{16}$; $\dfrac{8}{10} - \dfrac{7}{12}$; $\dfrac{18}{23} - \dfrac{15}{27}$.

2ᵉ CAS.

Quand les fractions n'ont pas même dénominateur.

117. Règle. — *On les réduit au même dénominateur, et l'on opère de la même manière.*

Exemple :

$$\frac{6}{7} - \frac{3}{4} = \frac{24}{28} - \frac{21}{28} = \frac{3}{28}$$

Démonstration. — Le dénominateur doit être partout le même, puisqu'il indique l'espèce d'unité dont il s'agit. Si donc on retranche numérateur de numérateur, la soustraction sera réellement faite.

§ VI.

MULTIPLICATION DES FRACTIONS.

La définition de la multiplication donnée pour les nombres entiers, ne saurait convenir aux fractions. Si l'on avait, par exemple, à multiplier 7 par $\frac{5}{6}$, on ne comprendrait pas ce que c'est que répéter le nombre 7, $\frac{5}{6}$ de

---

331) $\quad 3\frac{5}{24} - \frac{9}{16}$; $\quad 7\frac{36}{49} - \frac{92}{93}$; $\quad 5\frac{9}{16} - 2\frac{8}{13}$.

332) $\quad \left(\frac{18}{19} + \frac{16}{17} + \frac{24}{25}\right) - \left(\frac{12}{21} + \frac{20}{39} + \frac{12}{37}\right).$

$\quad \left(\frac{9}{16} + \frac{10}{11} + \frac{12}{13}\right) - \left(\frac{3}{5} + \frac{5}{21} + \frac{3}{14}\right).$

$\quad \left(\frac{5}{13} + \frac{18}{27} + \frac{18}{27}\right) - \left(\frac{3}{4} + \frac{17}{25} + \frac{7}{8}\right).$

fois, car on le répète ou on ne le répète pas. Il faut donc généraliser la définition et dire que :

118 Définition. — *La multiplication est une opération qui a pour but de trouver un nombre appelé produit, qui soit composé avec le multiplicande comme le multiplicateur est composé avec l'unité.*

Ainsi, dans l'exemple précédent, le multiplicateur $\frac{5}{6}$ n'étant qu'une fraction de l'unité, la fraction $\frac{5}{6}$, il faudra trouver un nombre qui soit la même fraction du multiplicande, c'est-à-dire qui en soit les $\frac{5}{6}$.

1er CAS.

D'un entier par une fraction.

119. Règle. — *On multiplie l'entier par le numérateur, et on donne à ce produit, pour dénominateur, le dénominateur de la fraction.*

Exemple :

$$7 \times \frac{5}{6} = \frac{7 \times 5}{6} = \frac{35}{6}$$

Démonstration. — En effet, puisque, d'après la définition, il faut trouver un nombre qui soit composé avec 7,

---

Problèmes sur les Fractions.

333) Les $\frac{3}{4}$ d'une somme égalent 24 francs. On demande quelle est cette somme.

334) On a vendu pour 83 francs les $\frac{9}{10}$ d'une étoffe qui se vend 11 francs $\frac{3}{4}$ le mètre. Combien a-t-il été vendu de mètres ?

335) Un marchand a vendu d'une pièce de drap de 34 mètres $\frac{3}{4}$ une fois 5^m $\frac{1}{2}$, une autre fois 7^m $\frac{3}{4}$, une troisième fois 4^m $\frac{1}{4}$. On demande ce qui reste de la pièce.

comme $\frac{5}{6}$ est composé avec l'unité, $\frac{5}{6}$ n'étant que les $\frac{5}{6}$ de l'unité, il ne faut prendre que les $\frac{5}{6}$ de 7, ou, ce qui revient au même, le sixième de 7 répété cinq fois. Or, on prend le sixième de 7 en divisant 7 par $6 = \frac{7}{6}$, et on répète cette valeur 5 fois en multipliant le numérateur 7 par $5 = \frac{7 \times 5}{6} = \frac{35}{6}$.

2e CAS.

D'une fraction par une fraction.

120. Règle. — *On multiplie numérateur par numérateur, et dénominateur par dénominateur.*

Exemple :

$$\frac{5}{6} \times \frac{3}{4} = \frac{5 \times 3}{6 \times 4} = \frac{15}{24}$$

Démonstration. — Le raisonnement est le même : il faut, d'après la définition, prendre les $\frac{3}{4}$ de $\frac{5}{6}$, ce qui revient à prendre d'abord le quart de $\frac{5}{6} = \frac{5}{6 \times 4}$, et à répéter ensuite la valeur obtenue 3 fois $\frac{5 \times 3}{6 \times 4}$.

---

336) L'effectif d'une garnison étant augmenté de $\frac{1}{5}$, si le nombre des rations à distribuer par jour reste le même, on demande à combien sera réduite la ration de chaque homme.

337) Quelqu'un a acheté les $\frac{2}{3}$ d'une pièce de drap au prix de 82 francs ; il en cède le $\frac{1}{4}$ à un de ses amis. On demande combien lui doit rembourser celui-ci, et quel serait le prix de la pièce entière.

338) Une personne a perdu les $\frac{7}{9}$ de ce qu'elle avait, et elle perd encore les $\frac{3}{4}$ des $\frac{5}{6}$ de ce qui lui reste. On demande à quoi s'est réduite sa fortune.

3e CAS.

D'une fraction par un entier.

121. Règle. — *On multiplie encore le numérateur par l'entier et on conserve le dénominateur de la fraction.*

$$\frac{3}{4} \times 5 = \frac{3 \times 5}{4} = \frac{15}{4}$$

Démonstration. — En effet, le multiplicateur 5 étant 5 fois plus grand que l'unité, il faut trouver une valeur qui soit 5 fois plus grande que $\frac{3}{4}$, c'est-à-dire rendre $\frac{3}{4}$, 5 fois plus grand, ce qui donne $\frac{3 \times 5}{4} = \frac{15}{4}$.

FRACTIONS DE FRACTIONS.

122. Remarque. — L'on voit, d'après le second cas, que multiplier une fraction par une fraction, par exemple $\frac{3}{4}$ par $\frac{5}{6}$, c'est prendre les $\frac{3}{4}$ de $\frac{5}{6}$. Donc toutes les fois que, dans les problèmes, il sera question de prendre

---

339) Additionner les fractions :

$$\frac{3}{2}, \quad \frac{5}{6}, \quad 0{,}9 \quad \text{et} \quad \frac{7}{21}.$$

340) Si pour une chemise il faut 1ᵐ,95 d'une toile dont les $\frac{5}{6}$ de mètre coûteraient 1 fr. 85 c., dire que coûterait la douzaine.

341) En supposant que la population de l'Angleterre soit les $\frac{4}{9}$ et celle de l'Allemagne les $\frac{5}{11}$ de celle de la France qui, en 1851, était de 35,781,628, dire quelle est la population de l'Angleterre et de l'Allemagne.

342) Un commis voyageur a un droit de 10 °/₀ (pour cent) sur les marchandises qu'il vend, combien faut-il qu'il vende de marchandises pour gagner 3000 francs ?

une fraction d'une autre ou de plusieurs autres, par exemple les $\frac{3}{4}$ des $\frac{5}{6}$ des $\frac{6}{7}$ de 8, il n'y aura qu'à multiplier les numérateurs par les numérateurs (8 peut être considéré comme ayant l'unité pour dénominateur) et les dénominateurs par les dénominateurs, conformément à la règle de la multiplication des fractions, les $\frac{3}{4}$ des $\frac{5}{6}$, des $\frac{6}{7}$ de $\frac{8}{1} = \frac{3 \times 5 \times 6 \times 8}{4 \times 6 \times 7 \times 1} = \frac{720}{168}$.

123. Deuxième remarque. — Quand, dans une multiplication, le multiplicateur est l'unité, le produit est égal au multiplicande, puisque, d'après la définition, il se compose d'une fois le multiplicande. Quand le multiplicateur est une fraction, le produit est toujours plus faible que le multiplicande, car il se compose d'une fraction seulement du multiplicande. Ainsi, le produit de 12 par $\frac{1}{3}$ se compose seulement du $\frac{1}{3}$ de 12, de 4. Quand le multiplicateur est plus grand que l'unité 2, 3, 4... par exemple, le produit est toujours plus grand que le multiplicande, puisqu'il se compose de 2, 3, 4... fois le multiplicande.

§ VII.

DIVISION DES FRACTIONS.

La définition donnée pour les nombres entiers ne peut point non plus s'appliquer aux fractions ; car le dividende étant plus faible que le diviseur, il ne saurait contenir

---

343) Trois jeunes gens puisent dans une bourse, le premier prend les $\frac{4}{9}$ du contenu, le second en prend $\frac{1}{3}$, le troisième $\frac{1}{7}$, et il reste 5 francs. Combien contenait la bourse, et combien a pris chacun d'eux ?

344) On exploite du minerai de plomb qui en renferme 21 % de son poids, mais dans l'opération il y a pour le plomb un déchet de $\frac{12}{100}$. On demande combien on retire en définitive de plomb par quintal de minerai.

celui-ci. On généralise donc encore la définition en disant que :

124. Définition. — *La division est une opération qui a pour but, un produit appelé dividende et un facteur appelé diviseur étant donnés, de trouver l'autre facteur appelé quotient.*

1er CAS.

D'un entier par une fraction.

125. Règle. — *On multiplie l'entier par la fraction diviseur renversée.*

Exemple :

$$5 : \frac{3}{4} = 5 \times \frac{4}{3} = \frac{20}{3}$$

Démonstration. — En effet, d'après la définition, le quotient multiplié par le diviseur $\frac{3}{4}$ ou bien les $\frac{3}{4}$ du quotient, doivent égaler le dividende 5. Donc, rien que le $\frac{1}{4}$ du quotient n'égalera que le tiers de 5 ; ce qui donne $\frac{5}{3}$; et comme on veut connaître tout le quotient, c'est-à-dire les 4 quarts, il faut rendre cette valeur $\frac{5}{3}$ quatre fois plus grande ; ce que l'on fait en multipliant le numérateur 5 par $4 = \frac{5\times4}{3} = \frac{20}{3}$.

---

345) En évaluant la consommation annuelle en nourriture et en litière d'une bête à cornes, à 7000 kilog., et en sachant qu'on évalue la quantité du fumier produit aux $\frac{23}{100}$ du poids total, et à $\frac{1}{3}$ la perte que lui fait subir l'évaporation, dire quel sera en poids le fumier produit par une vacherie de 45 bêtes.

346) Si le mètre d'une étoffe d'une certaine qualité coûte 7 fr. $\frac{9}{10}$ de franc, que vaudra le mètre d'une étoffe de même qualité dont la largeur n'est que les $\frac{3}{4}$ de la précédente ?

2e CAS.

D'une fraction par une fraction.

126. Règle. — *On multiplie la fraction dividende par la fraction diviseur renversée.*

Exemple :

$$\frac{5}{6} : \frac{3}{4} = \frac{5}{6} \times \frac{4}{3} = \frac{5 \times 4}{6 \times 3} = \frac{20}{18}$$

Démonstration. — Le raisonnement est le même, car le quotient, s'il était connu, multiplié par $\frac{3}{4}$, égalerait $\frac{5}{6}$. Donc, rien que le $\frac{1}{4}$ du quotient n'égale qu'une valeur 3 fois plus petite $\frac{5}{6 \times 3}$; et comme ce n'est là que le $\frac{1}{4}$ du quotient, en multipliant $\frac{5}{6 \times 3}$ par $4 = \frac{5 \times 4}{6 \times 3}$, l'on aura tout le quotient.

3e CAS.

D'une fraction par un entier.

127. Règle. — *On multiplie le dénominateur par l'entier, le numérateur restant le même.*

Exemple :

$$\frac{3}{4} : 5 = \frac{3}{4 \times 5} = \frac{3}{20}$$

---

347) Un ouvrier a dépensé les $\frac{5}{8}$ de ce qu'il a gagné dans le courant de l'année, et il lui reste encore 95 fr. 80 c. Combien a-t-il gagné ?

348) Quel est le nombre dont la $\frac{1}{2}$, le $\frac{1}{4}$, le $\frac{1}{9}$, moins les $\frac{2}{3}$ des $\frac{3}{4}$, font 168 ?

349) Un particulier achète les $\frac{3}{4}$ d'un emplacement à bâtir à raison de 27 francs le mètre carré ; il cède le $\frac{1}{4}$ de ce qu'il a

Démonstration. — Car, d'après la définition, le quotient doit être multiplié par 5, c'est-à-dire être rendu 5 fois plus grand pour égaler $\frac{3}{4}$. Donc, il est 5 fois plus petit que $\frac{3}{4}$ et égal à $\frac{3}{4 \times 5} = \frac{3}{20}$.

128. Remarque. — Si le diviseur est l'unité, le quotient est égal au dividende, puisque, d'après la définition, ce quotient, multiplié par 1, doit égaler le dividende. Si le diviseur est une fraction, le quotient est plus grand que le dividende, puisqu'on ne le prend pas même une fois pour avoir le dividende, et qu'il suffit d'en prendre une fraction marquée par le diviseur. Enfin, si le diviseur est plus grand que l'unité 2, 3, 4...., par exemple, le quotient est plus faible que le dividende, puisqu'il faut le multiplier par 2, 3, 4...., c'est-à-dire le rendre 2, 3, 4.... fois plus grand pour reproduire le dividende.

Douzième Leçon.

AUTRE MANIÈRE DE CONSIDÉRER LES FRACTIONS.

129. Jusqu'ici, nous avons considéré les fractions comme une ou plusieurs parties égales de l'*unité* (101). Ainsi, dans $\frac{3}{4}$, le dénominateur 4 indiquant que l'unité

---

acheté à un de ses amis, qui le lui paye 1055 francs. On demande de combien de mètres carrés se compose cet emplacement, et ce qu'en a chacun des acheteurs.

350) En supposant qu'une vis avance de $0^m,005246$ en 2 tours $\frac{3}{4}$, on demande de combien elle aura avancé en 23 tours $\frac{2}{5}$ de tour.

est partagée en 4 parties égales, le numérateur 3 indique que l'on prend trois de ces parties.

Mais l'on conçoit qu'il reviendrait au même de partager 3 unités en 4 parties égales et de prendre l'une de ces parties; car pour avoir $\frac{3}{4}$ du franc, par exemple, on peut indifféremment, ou bien partager le franc en 4 pièces de 25 centimes, et prendre 3 de ces petites pièces, ou bien partager 3 francs, c'est-à-dire 60 sous, en 4 parties égales de 15 sous, et prendre une de ces parties.

Or, si le mesurage a conduit à la première manière de considérer les fractions, on peut dire que le besoin de trouver un quotient exact dans les divisions a conduit à la seconde. Ainsi, dans la division de 25 par 7, le quotient exact n'est pas 3, puisqu'il y a un reste 4, mais bien 3 plus 4 à partager en 7 parties égales, c'est-à-dire $3 + \frac{4}{7}$, et l'on a $\frac{25}{7} = 3 + \frac{4}{7}$.

Ceci nous apprend qu'une expression fractionnaire peut être équivalente à un nombre fractionnaire, et réciproquement.

§ VIII.

CONVERSION DES NOMBRES FRACTIONNAIRES
EN EXPRESSIONS FRACTIONNAIRES,
ET RÉCIPROQUEMENT.

130. Définition. — On appelle *nombre fractionnaire*, le nombre composé d'un entier joint à une fraction. $3\frac{4}{7}$ est un nombre fractionnaire.

---

351) Une propriété d'une étendue de 115 hectares a été achetée au prix de 59458 fr. 80 c.; on en revend la $\frac{1}{2}$ au prix de 475 fr. l'hectare, le $\frac{1}{6}$ au prix de 450 fr., et le $\frac{1}{3}$ au prix de 435 fr. On demande combien l'on a gagné sur le tout, et quel est le prix moyen de vente et d'achat de l'hectare.

On appelle *expression fractionnaire*, une fraction dans laquelle le numérateur est plus grand que le dénominateur, $\frac{25}{7}$ par exemple.

131. Règle. — Pour convertir un nombre fractionnaire en une expression fractionnaire, on multiplie l'entier par le dénominateur ; on ajoute à ce produit le numérateur de la fraction, et on donne à la somme ainsi obtenue pour dénominateur le dénominateur de la fraction.

Exemple. — Ainsi

$$3\,\frac{4}{7}=3\times 7=21+4=\frac{25}{7}$$

Démonstration. — En effet, puisque l'unité vaut $\frac{7}{7}$, 3 unités vaudront 3 fois plus, $3\times 7=\frac{21}{7}$; et comme l'on a déjà $\frac{4}{7}$, cela fait en tout $\frac{25}{7}$.

132. Remarque. — Si ce n'était qu'un entier, 3 par exemple, à convertir en septièmes, il suffirait de multiplier 3 par 7, et de donner à ce produit encore 7 pour dénominateur, et l'on aurait $\frac{21}{7}$.

133. Règle. — Réciproquement, pour convertir une expression fractionnaire en un nombre fractionnaire ; en d'autres termes, pour *extraire les entiers*, il faut diviser le numérateur par le dénominateur ; ce qui dégage les

---

352) Une personne qui dépense 1200 fr. par an se trouve devoir, au bout de 4 ans, 1650 fr. ; se ravisant, elle épargne, la cinquième année et les suivantes, le $\frac{1}{5}$ de son revenu. On demande combien d'années il lui faudra pour achever de couvrir sa dette.

353) Trois vendangeurs peuvent couper par jour 75 paniers de raisins, donnant en moyenne 4 lit.,25 chacun. Le prix de la journée est de 1 fr. 50. La récolte ayant été de 175 hectolitres, on demande : 1° combien chacun d'eux a fourni de litres ; 2° combien de jours il a travaillé ; 3° ce qui lui reste de salaire, en supposant qu'il en ait placé $\frac{1}{20}$ à la Caisse d'épargnes.

entiers, et donner au reste de la division, pour dénominateur, le diviseur.

Exemple :

$$\frac{25}{7} = \left.\frac{25}{4}\right|\frac{7}{3} = 3\frac{4}{7}$$

Démonstration. — Car, puisque l'unité se compose de $\frac{7}{7}$, autant de fois $\frac{7}{7}$ seront contenus dans $\frac{25}{7}$, ou bien autant de fois 7 sera contenu dans 25, autant il y aura d'unités, et le reste *exprimera* des septièmes.

§ IX.

OPÉRATIONS SUR LES NOMBRES FRACTIONNAIRES.

134. Addition. — RÈGLE : *Pour additionner des nombres fractionnaires, on ajoute les fractions aux fractions et les entiers aux entiers.*

On commence par les fractions, afin de pouvoir extraire les entiers, s'il y en a, pour les ajouter aux entiers donnés.

---

354) La farine perd au blutage les $\frac{3}{25}$ de son poids, et elle donne les $\frac{4}{3}$ de son poids en pain. On demande quelle quantité de farine on devra bluter pour avoir une fournée de 45 kilogr. de pain.

355) Un bassin est rempli par deux fontaines, dont la première le remplirait en 3 heures, et la seconde en 5 heures. On demande combien de temps il faudrait aux deux fontaines coulant ensemble, pour remplir le bassin.

356) Il se présente, pour faire un ouvrage de maçonnerie, trois compagnies qui se chargeraient de faire l'ouvrage, la première en 8 jours, la seconde en 7 jours, et la troisième en 6 jours. On demande : 1° le temps que mettraient les trois compagnies pour faire tout l'ouvrage, si elles étaient réunies ; 2° le temps qu'elles y mettraient si on n'employait que la moitié des ouvriers de la première compagnie, le $\frac{1}{3}$ des ouvriers de la seconde et le double des ouvriers de la troisième.

135. Soustraction. — RÈGLE : Pour soustraire deux nombres fractionnaires l'un de l'autre, *on retranche fraction de fraction et entier d'entier.*

On commence par les fractions, afin qu'une fois réduites au même dénominateur, si la fraction à soustraire était plus grande que celle dont on la soustrait, on pût ajouter une unité aux deux nombres ; l'unité qu'on ajoute au plus grand étant préalablement convertie en fraction de même espèce que celle qu'on considère.

Exemple :

$$7\frac{1}{3} - 4\frac{1}{2} = 7\frac{2}{6} - 4\frac{3}{6} = 7\frac{8}{6} - 5\frac{3}{6} = 2\frac{5}{6}$$

Ajoutant une unité au nombre le plus grand, $7\frac{2}{6}$, après l'avoir convertie en sixièmes, ce qui donne $\frac{6}{6}$, il vient $7\frac{8}{6}$. Ajoutant également une unité au nombre le plus petit, pour que la différence ne change pas, on a $5\frac{3}{6}$, et la soustraction des fractions $\frac{8}{6} - \frac{3}{6}$, pouvant alors s'effectuer, il vient enfin $2\frac{5}{6}$.

---

357) Un marchand a vendu les $\frac{3}{5}$ d'une pièce de drap, et il lui en reste 3 m. $\frac{1}{2}$. De combien de mètres était cette pièce ?

358) Un particulier qui a une dette, donne à trois reprises un à-compte de 12500 fr. La première fois il paie le $\frac{1}{3}$, la seconde le $\frac{1}{5}$, la troisième fois $\frac{1}{8}$ de la dette entière. On veut savoir combien il lui reste à payer, et de combien a été chaque payement.

359) Deux hommes mettent 4 heures pour parcourir une distance de 25 kilomètres ; ils partent, l'un à 4 h. $\frac{3}{4}$ du matin, l'autre à 5 h. $\frac{1}{2}$; ils vont en sens inverse avec la même vitesse. L'on demande à quelle distance ils se rencontreront.

360) On a acheté au prix de 958 francs 12554 mètres,75 de drap de première qualité, et l'on demande ce que coûteraient 34 m.,50 d'un drap de deuxième qualité, qui ne vaudrait que les $\frac{4}{7}$ du prix de la première.

136. Multiplication et division. — RÈGLE : Pour multiplier ou diviser deux nombres fractionnaires, on les convertit d'abord en expressions fractionnaires; puis on applique les règles connues (120, 126), et on extrait enfin les entiers; après quoi l'on simplifie la fraction, s'il y a lieu.

Exemple :

$$5\,\frac{3}{4} \times 8\,\frac{6}{7} = \frac{23}{4} \times \frac{62}{7} = \frac{23 \times 62}{4 \times 7} = \frac{1406}{28} = 5\,\frac{3}{14}$$

$$5\,\frac{3}{4} : 2\,\frac{5}{6} = \frac{23}{4} : \frac{17}{6} = \frac{23}{4} \times \frac{6}{17} = \frac{138}{68} = 2\,\frac{2}{68} = 2\,\frac{1}{34}$$

Nota. — Les raisonnements étant les mêmes que pour les fractions, il est inutile de les reproduire.

---

361) D'un régiment, la moitié a péri au feu, $\frac{1}{5}$ est mort de maladie, $\frac{1}{4}$ est à l'hôpital par suite de blessures reçues, et il manque 500 hommes pour faire le $\frac{1}{4}$ de la totalité. De combien d'hommes se composait ce régiment?

362) Quelqu'un qui devait une maison, en a payé une fois les $\frac{2}{3}$ des $\frac{3}{4}$, et une autre le $\frac{1}{5}$ du quadruple de cette somme; il doit encore 7000 francs. Quel était le prix de cette maison?

263) Deux feuillettes de vin ont coûté 360 francs, et le prix de la seconde n'est que les $\frac{5}{7}$ du prix de la première. Quel était le prix de chaque feuillette?

364) Un négociant augmente chaque année sa fortune de $\frac{1}{4}$, et il prélève pour ses dépenses, à la fin de chaque année, 2000 francs. Or, il se trouve qu'au bout de 4 ans sa fortune a doublé. Qu'était primitivement sa fortune?

365) Sachant que la densité moyenne de la terre relativement à l'eau est $5\,\frac{7}{20}$ environ, et par rapport à la terre la densité du soleil est 0,25; celle de Jupiter, 0.24; celle de Saturne, 0,74; celle d'Uranus, 0,19; celle de Neptune, 0,18; celle de Vénus, 0,94; celle de Mercure, 3,05; celle de Mars, 0,94; celle de la Lune, 0,81; dire quelle est la densité de ces planètes rapportée à celle de l'eau?

Treizième Leçon.

§ X.

CONVERSION DES FRACTIONS ORDINAIRES
EN FRACTIONS DÉCIMALES.

Nous avons vu (129) que, pour compléter le quotient dans la division qui a un reste, il fallait ajouter au quotient trouvé une fraction ayant le reste pour numérateur et le diviseur pour dénominateur. Ainsi, $\frac{25}{7} = 3\frac{4}{7}$. Si le quotient ainsi complété était la réponse à la question, on pourrait s'en contenter ; mais, le plus souvent, on a à le multiplier ou à le diviser par d'autres nombres. Or, les calculs sur les fractions étant toujours plus laborieux que les calculs sur les nombres entiers, il importe de savoir convertir les fractions ordinaires en fractions décimales.

---

366) Sur un chemin de fer, le nombre des voyageurs de seconde classe a été, pendant l'année 1858, de 892750. On demande quel a été le nombre des voyageurs de première et de 3ᵉ classe, sachant que le nombre des voyageurs de la seconde classe est égal au $\frac{4}{5}$ du nombre total, et que celui de la première classe est égal au $\frac{1}{9}$ du nombre total.

367) Le diamètre de la terre étant de 12755 kilomètres, et ceux de Jupiter et de Saturne en étant, le premier les $11\frac{9}{40}$, et le second les $9\frac{11}{500}$; on demande quels sont les diamètres de ces deux grandes planètes.

368) Par quel nombre faut-il multiplier une certaine somme : 1º pour la reproduire ; 2º pour en obtenir la moitié ; 3º pour la diminuer des $\frac{3}{4}$?

137. Règle. — Pour convertir une fraction ordinaire en fraction décimale, après avoir écrit au quotient un zéro accompagné d'une virgule, on met un zéro à la droite du numérateur considéré comme dividende, et le chiffre obtenu au quotient est le chiffre des *dixièmes*. On ajoute un nouveau zéro à la droite du reste obtenu ; ce qui fournit un second dividende et un second chiffre au quotient, qui est celui des *centièmes*. Si, à côté du reste obtenu, on ajoute un zéro, on obtient un troisième dividende partiel, et, par suite, un troisième chiffre au quotient, qui est celui des *millièmes*. Ainsi de suite, jusqu'à ce qu'on ait obtenu un reste zéro, et alors la fraction décimale est équivalente à la fraction ordinaire donnée.

Exemple. — Soit la fraction $\frac{11}{16}$:

$$
\begin{array}{r|l}
110 & 16 \\
140 & \overline{} \\
120 & 0,6875 \\
80 & \\
00 & \\
\end{array}
$$

Posant la division de 11 par 16, on met un zéro au quotient avec la virgule, puis un zéro à côté du numérateur 11, ce qui donne 110 dixièmes ; et, la division étant possible, on obtient au quotient, au rang des dixièmes,

---

369) Par quel nombre faut-il diviser cette même somme : 1° pour la doubler ; 2° pour la rendre $\frac{1}{4}$ de fois plus forte ?

370) Un homme laisse en mourant sa fortune à partager à trois héritiers qu'il désigne ; le premier doit en avoir la moitié, le second $\frac{1}{4}$ de ce qui reste et 3000 francs en sus, et le troisième les 5500 francs qui restent. Quelle est la part de chaque héritier ?

371) La population de l'Asie étant les $\frac{13}{7}$ de celle de l'Europe, et celle de l'Afrique en étant les $\frac{3}{11}$, dire quelle est la population de l'Afrique, sachant que celle de l'Asie est de 600,000,000 environ.

le chiffre 6, et pour reste 14 dixièmes ou 140 centièmes, lesquels, divisés par le même diviseur, donnent au quotient 8 centièmes et pour reste 12 centièmes ou 120 millièmes, qui, divisés encore par 16, donnent 7 millièmes au quotient et 8 millièmes pour reste, ou 80 dix-millièmes, qui contiennent 16, exactement 5 fois. Donc, la fraction donnée $\frac{11}{16}$ est exactement équivalente à la fraction décimale 0,6875 (Voir le raisonnement 72).

138. Première remarque. — Il pourrait se faire que la division ne se fît pas exactement, c'est-à-dire qu'on trouvât toujours un reste, quelque loin que fût prolongée la division, et alors il n'y aurait point de fraction décimale exactement équivalente à la fraction ordinaire donnée ; mais plus on pousserait loin la division, plus la fraction décimale trouvée se rapprocherait de la fraction ordinaire proposée, sans toutefois jamais l'atteindre. Si l'on s'arrêtait aux dixièmes, aux centièmes, aux millièmes...., la fraction décimale n'égalerait la fraction ordinaire qu'à 0,1, à 0,01, à 0,001... près.

---

372) Cinq personnes se partagent une pièce de drap ; la première prend $\frac{1}{5}$ de la pièce, la seconde $\frac{1}{3}$, la troisième $\frac{2}{9}$, la quatrième $\frac{1}{15}$, et il reste 0^m,75 pour la dernière. On demande le nombre de mètres qu'il y a à la pièce, et pour chaque personne.

373) Un oncle laisse en mourant une fortune de 15000 francs à partager entre ses trois neveux, de telle sorte que quand le premier prendra 3, le second prendra 4, et que quand le second prendra 5, le troisième prendra 6. Quelle est la part de chacun ?

374) Convertir en expressions fractionnaires les nombres fractionnaires suivants :

$$7\frac{3}{4}, \quad 8\frac{4}{5}, \quad 9\frac{7}{8}, \quad 5\frac{2}{3}, \quad 6\frac{13}{15}, \quad 15\frac{2}{7}, \quad 19\frac{4}{9}, \quad 25\frac{45}{53},$$

$$43\frac{56}{63}, \quad 17\frac{13}{19}, \quad 37\frac{9}{11}, \quad 456\frac{27}{32}.$$

Exemples. — Soit la fraction $\frac{8}{21}$ et la fraction $\frac{9}{14}$:

80	21		90	14
170			60	
200	0,380952		40	0,6428571
110			120	
50			80	
8			100	
			20	
			6	

Dans le premier exemple, la division ayant été poussée jusqu'aux millionièmes, la fraction décimale 0,380952 égale la fraction proposée $\frac{8}{21}$ à un millionième près par défaut. En effet, le chiffre suivant devant être le chiffre 3, on ne néglige que 3 dix-millionièmes et quelque chose, et il faudrait en négliger 10 pour commettre une erreur de 1 millionième. Si on ne voulait l'approximation qu'à 1 millième près, on se bornerait aux trois premières décimales, et l'on aurait $0{,}380 = \frac{8}{21}$ à 1 millième près, puisque la partie négligée n'est, dans ce cas, que de 9 millièmes et quelque chose, et qu'elle ne peut jamais être de 10 millièmes.

139. Deuxième remarque. — Il pourrait se faire qu'on demandât l'approximation à 1 demi-millième, à

---

375) Extraire les entiers des expressions fractionnaires :

$$\frac{15}{7}\ ,\ \frac{9}{8}\ ,\ \frac{30}{11}\ ,\ \frac{45}{18}\ ,\ \frac{56}{13}\ ,\ \frac{254}{115}\ ,\ \frac{365}{132}\ ,\ \frac{832}{207}\ ,\ \frac{254}{80}\ ,\ \frac{2365}{802}\ ,$$

$$\frac{18354}{2145}\ ,\ \frac{3642}{275}\ ,\ \frac{28302}{701}\ .$$

376) Additionner les nombres fractionnaires :

$$5\,\frac{2}{3} + 6\,\frac{3}{4} + 3\,\frac{5}{6} + 7\,\frac{1}{2}\,; \qquad 7\,\frac{9}{10} + 9\,\frac{32}{40} + 11\,\frac{13}{15}\,;$$

$$18\,\frac{5}{7} + 52\,\frac{5}{9} + 63\,\frac{4}{13} + 59\,\frac{7}{13}\,.$$

1 demi-millionième près. *La règle, dans ce cas, est d'augmenter d'une unité le chiffre auquel on s'arrête, quand le chiffre suivant est égal à 5 ou plus fort que 5; sinon, on le laisse ce qu'il est.* Ainsi, dans le même exemple, le quotient, approché à 1 demi-millième près, est 0,381, et non 0,380; car, en augmentant le chiffre des millièmes, qui est ici zéro d'une unité, on suppose que la valeur qui vient après est égale à 10 dix-millièmes; mais, dès l'instant que le chiffre des dix-millièmes est égal à 5 ou plus fort que 5, on prend de trop, moins qu'un demi dix-millième. Ici le chiffre suivant étant 9, on ne prend en excès que 1 dix-millième, et moins encore, le chiffre des cent-millièmes étant 5... Pour une raison semblable, le même quotient, approché à un demi-millionième près par défaut, serait 0,380952; car la partie négligée est moindre qu'un demi-millionième, vu que le chiffre des dix-millionièmes serait 3.

140. Troisième remarque. — Dans le premier exemple, arrivés à la sixième division, on trouve pour reste 8, lequel, accompagné d'un zéro, fournirait de nouveau le premier dividende; et puisque le diviseur reste le même, on serait sûr d'avoir au quotient le même chiffre 3 avec le même reste 17, et, par suite, les chiffres du quotient 380952 se représenteraient toujours dans le même ordre et sans fin. Or, cet ensemble de chiffres, qui reparaît toujours dans le même ordre, porte un nom particulier, qui est celui de *période;* et, partant, la fraction décimale est dite *fraction périodique.* Dans le second exemple, ce n'est

---

377) Faire les soustractions suivantes :

$$9\frac{8}{11} - 6\frac{3}{7}\,; \qquad 75\frac{7}{13} - 43\frac{11}{42}\,;$$

$$112\frac{56}{943} - 65\frac{23}{9254}\,; \qquad 7\frac{97}{400} - 2\frac{936}{1243}\,.$$

qu'à la septième division qu'on voit reparaître le second dividende. Par suite, la période ne commence pas immédiatement après la virgule. Cette seconde fraction est dite *fraction périodique mixte*, pour la distinguer de la première qui est dite *fraction périodique simple*.

§ XI.

RECHERCHE DE LA FRACTION ORDINAIRE GÉNÉRATRICE
D'UNE FRACTION DÉCIMALE PÉRIODIQUE SIMPLE OU MIXTE.

** **141. Règle.** — *Pour avoir la fraction ordinaire génératrice d'une fraction décimale périodique simple, l'on prend une fraction dont le numérateur soit la période elle-même et dont le dénominateur se compose d'autant de 9 qu'il y a de chiffres à la période.*

Exemples. — Ainsi :

$$0,5555 = \tfrac{5}{9}$$
$$0,575757 = \tfrac{57}{99}$$
$$0,573573573 = \tfrac{573}{999}$$

** **Démonstration.** — En effet, l'on peut écrire :

$$50 = 5 \times 10 = 5(9+1) = 5 \times 9 + 5.$$
$$5700 = 57 \times 100 = 57(99+1) = 57 \times 99 + 57.$$
$$573000 = 573 \times 1000 = 573(999+1) = 573 \times 999 + 573.$$

Conversion des fractions ordinaires en décimales.

378) Convertir en fractions décimales :

$$\frac{1}{2},\ \frac{1}{3},\ \frac{1}{4},\ \frac{1}{5},\ \frac{1}{6},\ \frac{1}{7},\ \frac{1}{8},\ \frac{1}{9}.$$

379)
$$\frac{5}{7},\ \frac{5}{14},\ \frac{13}{40},\ \frac{15}{30},\ \frac{5}{28},\ \frac{12}{49},\ \frac{7}{11},\ \frac{7}{22},$$

$$\frac{7}{55},\ \frac{2}{3},\ \frac{2}{6},\ \frac{2}{15}.$$

** Or, considérant dans ces égalités 50, 5700, 573000 comme dividendes et 9, 99, 999 comme diviseurs, l'on voit que les premiers quotients seraient 5, 57, 573 et les restes 5, 57, 573, de sorte que les quotients complets seraient successivement $5\frac{5}{9}$, $57\frac{57}{99}$, $573\frac{573}{999}$; continuant la division de $\frac{5}{9}$, $\frac{57}{99}$, $\frac{573}{999}$, l'on trouverait pour 2es quotients 5, 57, 573, c'est-à-dire les mêmes quotients et les mêmes restes, et cela sans fin. Donc $\frac{5}{9}=0{,}555$, $\frac{57}{99}=0{,}5757$, $\frac{573}{999}=0{,}573\ldots$

2e CAS.

** **142. Règle.** — *Pour avoir la fraction ordinaire génératrice d'une fraction décimale périodique mixte, on prend une fraction qui ait pour numérateur la différence entre les parties entières obtenues en plaçant la virgule après et avant la dernière période, et pour dénominateur autant de 9 qu'il y a de chiffres à la période, suivis d'autant de zéros qu'il y a de chiffres non périodiques.*

Exemple. — Ainsi, l'on aura :

$$0{,}215757757 = \frac{2157-21}{9900} = \frac{2136}{9900}$$

Quotients par approximation.

380) Evaluer à 0,1; à 0,01; à 0,001 près; à 0,000001 près les quotients :

$$\frac{22}{7}, \quad \frac{2}{3}, \quad \frac{5}{6}, \quad \frac{4}{7}, \quad \frac{11}{12}, \quad \frac{8}{15}, \quad \frac{10}{11}, \quad \frac{21}{28},$$

$$\frac{31}{42}, \quad \frac{60}{75}, \quad \frac{17}{18}, \quad \frac{42}{56}.$$

381) Dire quels seraient ces mêmes quotients à une demi-unité décimale donnée.

** **Démonstration.** — En effet, 100 fois la fraction périodique nous donne $21, 5757\ldots = 21\,\frac{57}{99}$ d'après le 1er cas, et convertissant ce nombre fractionnaire en expression fractionnaire, l'on a :

$$21\,\frac{57}{99} = \frac{21\times99+57}{99} = \frac{21\,(100-1)+57}{99} = \frac{2100+57-21}{99} = \frac{2157-21}{99} = \frac{2136}{99}$$

et vu que cette valeur est 100 fois trop grande, puisqu'on a multiplié par 100, il vient enfin :

$$0,21575757 = \frac{2136}{9900}$$

** **143. Remarque.** — Le cas où la fraction périodique simple aurait une partie entière se raisonnerait comme le précédent, en faisant abstraction de la virgule.

---

382) Quelles sont les fractions ordinaires génératrices des fractions décimales périodiques simples :

$$0,7777\ldots$$
$$0,434343\ldots$$
$$0,685685685\ldots$$
$$0,907290729072\ldots$$

383) Trouver les fractions ordinaires génératrices des fractions décimales périodiques mixtes :

$$0,8666\ldots$$
$$0,93777\ldots$$
$$0,81321321321\ldots$$
$$0,796318631863186318\ldots$$

LIVRE V.

Quatorzième Leçon.

SYSTÈME MÉTRIQUE.

144. Définition. — On appelle système métrique, l'ensemble des unités de mesures actuellement usitées en France avec leurs multiples et sous-multiples.

Ce même système est encore appelé *système légal*, parce que depuis 1840 il est devenu obligatoire devant la loi.

** **145. Inconvénients des anciens systèmes.** — Ce système a remplacé les anciens, dont les inconvénients étaient :

1° Leur *multiplicité*, puisqu'ils variaient non-seulement d'une province à l'autre, mais souvent dans la même province et dans la même ville. Ainsi il y avait des toises

---

SYSTÈME MÉTRIQUE.

A l'aide du tableau suivant, il sera facile d'apprendre à un élève la numération décimale du système métrique.

La subordination des unités étant la même pour le *mètre*, le *gramme* et le *litre*, c'est-à-dire de 10 en 10, ce qui sera dit pour l'une de ces mesures s'appliquera également aux autres.

Les grandes lettres représentent les multiples, et les petites les sous-multiples :

MKHDI, *d c m.*

Il faut que l'élève possède bien ce tableau, et pour le lui apprendre, on pourra l'aider des questions suivantes :

de 5 à 8 pieds, des quartes et des muids de toute capacité, ce qui ouvrait la porte à une foule de malentendus et de fraudes dans le commerce ;

2° *Le grand nombre de dénominations* employées pour les diverses unités et leurs subdivisions. Ainsi l'unité de mesure pour les longueurs était, suivant les cas, appelée toise, aune, perche, canne, et les subdivisions, pieds, pouce, ligne, points, autant pour les autres unités, ce qui surchargeait inutilement la mémoire ;

3° *Le défaut d'uniformité* dans les dérivations des mesures les unes des autres. Ainsi, tandis qu'on avait adopté la division par 2 pour la livre, en sorte qu'il y avait des demi-livres ou *marcs*, des quarts de livre, des demi-quarts, des seizièmes de livre ou *onces*; on avait adopté la division par 3 pour la toise qui avait été divisée en 6 pieds, le pied en 12 pouces, le pouce en 12 lignes, et il s'ensuivait qu'il n'y avait plus de rapport appréciable entre les divisions des différentes mesures ;

4° *Les complications des calculs*, toutes les fois qu'on avait des multiplications ou des divisions à faire, inconvénient qu'on ne peut bien apprécier qu'en exécutant soi-même des calculs dans l'ancien système.

---

384) Combien le myria- vaut-il de kilo-, d'hecto-, de déca-, d'unités, de déci-, de centi-, de milli-?

NOTA. — L'on pourra à volonté remplacer le petit trait - par les mots : *mètre, litre, gramme.* On continuera ainsi pour les hecto-, les déca-..., et les suivants.

385) Combien le myria- vaut-il d'hecto-, de déci-, de milli-? — Combien le kilo- vaut-il de déci-, de milli-? — Combien le déca- vaut-il de centi-..., etc., etc.

386) La règle, comme on le voit, est celle-ci : *autant d'intervalles, autant de zéros* qu'on écrit après l'unité placée, si l'on veut, sous la lettre correspondante. Cela revient évidemment à multiplier l'unité par 10, par 100, par 1000..., conformément aux règles de la numération.

La question épuisée dans ce sens, on la reprendra en sens inverse, et l'on demandera :

146. Nouveau système. —— Aussi pour couper court à tous ces inconvénients, la loi a-t-elle décidé : 1° qu'il n'y aurait qu'un seul système de poids et mesures pour toute la France ; 2° que ce système dériverait d'une unité fondamentale appelée *mètre*, qui serait prise dans la nature, afin qu'elle ne fût plus sujette à variation ; 3° que la base de ce système serait le nombre 10, d'où vient que ce système est encore appelé *système décimal*.

147. Pour le rendre plus simple, on a réduit à *six* les noms arbitraires par lesquels on désigne les différentes unités de mesure, ce sont :

UNITÉS DE MESURES.	NOMS.	VALEUR.
1° Pour les longueurs.........	**Mètre**........	C'est la dix-millionième partie du quart du méridien terrestre.
2° Pour les surfaces...........	**Are**...........	C'est un décamètre carré ou un carré ayant 10 mètres de côté.
3° Pour le bois de chauffage.	**Stère**........	C'est un mètre cube ou un cube ayant 1 mètre de longueur, de largeur, de hauteur.
4° Pour les liquides et les grains........................	**Litre**........	C'est un décimètre cube ou un cube ayant 1 décimètre de côté.
5° Pour les poids..............	**Gramme**....	C'est le poids d'un centimètre cube d'eau distillée prise à son maximum de densité ou à 4 degrés centigrades au-dessus de zéro.
6° Pour les monnaies..........	**Franc**........	C'est une pièce d'argent pesant 5 grammes, où il entre un dixième de cuivre.

387) Qu'est-ce que le milli-, relativement au centi-, au déci-, à l'unité, au déca-, à l'hecto-, au kilo-, au myria-?

Réponse.—Il en est la 10°, la 100°, la 1000°, la 10000°, la 100000°, la 10000000°, la 100000000° partie, c'est-à-dire une fraction marquée par l'unité suivie du même nombre de zéros que tout à l'heure.

388) Qu'est-ce que le centi- relativement au déci-, à l'unité, au déca-, à l'hecto-, au myria-?

148. Afin de le rendre plus uniforme, on s'est servi des mêmes *mots composés* pour représenter les multiples et les sous-multiples de chacune de ces unités. Les multiples étant 10, 100, 1000, 10000 fois plus grands que l'unité ont été désignés par des mots tirés du grec qui ont cette signification *deca, hecto, kilo, myria.* Les sous-multiples étant la dixième, la centième, la millième partie de l'unité ont été exprimés par des mots analogues dérivés du latin *deci, centi, milli,* et l'on met toujours ces noms étrangers avant le nom de l'unité : ainsi, l'on dira *décimètre* ou *kilomètre, décigramme* ou *kilogramme.* Ces divisions ont, comme on le voit, sur les anciennes, non-seulement l'avantage d'être exprimées d'une manière uniforme, mais encore d'indiquer leur vrai rapport avec l'unité.

---

389) Qu'est-ce que l'unité relativement au déca-, à l'hecto., au myria-?

On continuera ainsi pour les autres, et l'on pourra prendre plusieurs rangs à la fois, par exemple : qu'est-ce que le centi- relativement au déca-, etc.?.

Après ces différentes questions, l'élève possèdera bien son tableau, et l'on pourra lui proposer les exercices numériques suivants :

Exercices sur le mètre, le litre, le gramme.

390) Combien valent de *mètres* : 64 kil. ; 31 hect. ; 41 myria. ; 95 déca. ; 14 déci. ; 345 centi. ; 4112 milli. ; 52 myria.,15 ; 28 kil.,214 ; 54 déca.,93 ; 5 déci.,72 ; 4 centi.,8 ; 9 mill. ?

391) Combien valent de *décamètres* : 91 hecto. ; 56416 m. ; 4 myria.,; 28 hecto.,78 ; 3428 kilo.,57 ; 262 m.,27 ; 8 hecto.,923 ; 5 déci.,34?

392) Combien valent d'*hectomètres* : 546 kilo.,082 ; 642 myria.,18 ; 318 déca.,08 ; 9235 m.,18 ; 90415 déci.,10 ; 385782 centi.,5 ; 45 m.,957 ; 1 m.,314 ; 0 m.,54 ; 0 m.,8 ?

393) Combien valent de *kilomètres* : 64 myria.,305 ; 721 déca.,35 ; 4258 m.,3 ; 415 hect.,45 ; 6027 déci.,02 ; 34805 centi.,3 ; 285013 milli. ; 19 déca.,401 ; 614 m.,15 ; 34 m.,512 ; 1 m.,34 ?

149. Voici le tableau des multiples et des sous-multiples usités :

	MULTIPLES et SOUS-MULTIPLES usités.	VALEUR exprimée en chiffres.	OBSERVATIONS.
MESURES DE LONGUEUR.	**Myria-**......	10000	Le *myriamètre* est usité pour les distances géographiques.
	Kilo-........	1000	Le *kilomètre*, pour les routes.
	Hecto-......	100	
	Déca-........	10	Le *décamètre* est la chaîne d'arpenteur composée de 50 chaînons, longs chacun de 2 décimètres.
	Mètre....	1	Le *mètre*, le *demi-mètre* et le *double décimètre* sont des mesures réservées aux petites longueurs.
	Déci-........	0ᵐ,1	
	Centi-........	0ᵐ,01	
	Milli-........	0ᵐ,001	
MESURES DE SURFACE.	**Hectare**.....	1000 m. q.	L'*hectomètre carré*, qui a la valeur de l'hectare ; le *kilomètre carré*, 100 fois plus grand ; le *myriamètre carré*, 10000 fois plus grand, sont dits *mesures topographiques*, parce qu'ils servent à mesurer l'étendue d'un Etat, d'un département.
	Are.......	100 m. q.	L'*are* et l'*hectare* sont dits *mesures agraires*, parce qu'ils servent à mesurer les champs.
	Centiare.....	1 m. q.	Le *mètre carré*, le *décimètre carré*, le *centimètre carré*, le *millimètre carré*, sont employés pour les petites surfaces.
MESURES DE SOLIDITÉ.	**Décastère**..	10 m. c.	Le *stère*, le *double stère*, le *demi-décastère*, sont les mesures en usage pour mesurer le bois de chauffage.
	Stère....	1 m. c.	Le *mètre cube*, le *décimètre cube*, le *centimètre cube*, le *millimètre cube*, sont les mesures de solidité proprement dites, servant à mesurer la charpente, la maçonnerie, etc.
	Déci-........	0 m. c.,1	

	MULTIPLES et SOUS-MULTIPLES usités.	VALEUR exprimée en chiffres.	OBSERVATIONS.
MESURES DE CAPACITÉ.	Kilo-.........	1000ˡ	Le *litre* et ses composés servent aussi bien à mesurer les *matières sèches*, telles que les grains et le charbon, que les *liquides*, tels que le vin, les huiles et le lait. Pour donner plus de commodité à la vente, on a autorisé l'emploi du double et de la moitié de chacune de ces mesures comprise entre le centilitre et l'hectolitre. Le commerce en gros des vins, des grains et du charbon, se fait toujours en hectolitres.
	Hecto-.......	100ˡ	
	Déca-........	10ˡ	
	Litre.....	1ˡ	
	Déci-........	0ˡ,1	
	Centi-........	0ˡ,01	
POIDS.	Kilo-	1000ᵍ	1000 kil., poids du mètre cube d'eau, donne la tonne métrique.
	Hecto-.......	100ᵍ	100 kilog. donnent le quintal métrique.
	Deca-.......	10ᵍ	Le *kilogramme* est l'unité usuelle employée dans le commerce.
	Gramme.	1ᵍ	Le *gramme* et ses sous-multiples (*décigramme, centigramme, milligramme*), ne sont usités que pour les matières précieuses et les substances de la chimie et de la pharmacie.
	Déci-.........	0ᵍ,1	
	Centi-........	0ᵍ,01	
	Milli-.........	0ᵍ,001	
MONNAIES.	Franc........	1ᶠ	Les multiples du franc (*décafranc, hectofranc*), ne sont pas usités ; on a mieux aimé dire : 10 francs, 100 francs. Et pour les sous-multiples, l'on a dit : *décime, centime*, au lieu de *décifranc, centifranc*.
	Décime......	0ᶠ,1	
	Centime.....	0ᶠ,01	

394) Combien valent de *myriamètres* : 314 kil.,108 ; 4012 hect.,55 ; 56034 déca.,34 ; 420034 m.,2 ; 40236 m.,5 ; 314 hecto.,92 ; 29 kil.,109 ; 8 kil.,10345 ; 15 déca.,305 ?

395) Combien valent de *décimètres* : 9 m.,35 ; 18 m.,315 ; 212 déca.,391 ; 78 hecto.,3134 ; 1819 m. ; 3 kil.,10357 ; 2 myria.,809071 ; 0 m.,345 ; 57 centi. ; 390 milli ; 1 m.,04 ?

Nota. — On désigne les initiales du mètre carré par (m. q.), et celles du mètre cube par (m. c.) ; ainsi, 3 mètres carrés s'écriront 3 m. q., et 3 mètres cubes, 3 m. c. Le carré est une surface terminée par 4 côtés égaux et à angles droits. Le cube est un solide de la forme d'un dé à jouer dont chaque face est un carré.

Quinzième Leçon.

REMARQUES SUR LES MESURES DE SURFACE.

150. Première remarque sur le mètre carré. — Le mètre carré vaut 100 décimètres carrés. Supposons que la figure 1 ait un mètre de A en B et un mètre de A en C, ce sera un mètre carré.

De A en B il y a 10 décimètres de longueur; la bande AB contiendra donc 10 petits carrés, chacun de 1 déci-

---

396) Combien valent de *centimètres* : 3 m.,172; 15 déca.,927; 8 hecto.,31416; 9 kil.,1952; 7 myria.,185972; 72 m.,3; 100 m.; 0 m.,31; 212 déci.; 0 m.,35; 818 milli.; 7 milli. ?

397) Combien valent de *millimètres* : 4 m.,25; 1 déca.,34; 28 hecto.,3461; 2 kil.,432; 0m.,9; 1 m.,07; 812 déci.,9; 75 centi.,3; 0 m.,08 ?

Nota. — On peut reprendre les mêmes exercices en remplaçant le mot de *mètre* par celui de *litre* ou de *gramme*.

398) On peut encore unir tous ces exercices en demandant de rapporter successivement au déci-, centi-, milli-, déca-, hecto-, myria-, les mêmes nombres : 7 m.; 5 m.,6; 25 m.,32; 34 m.,9; 6 m.,12; 312 m.,27; 95 m.,714; 9850 m.,3107.

mètre de côté ; il y a 10 de ces bandes, donc la figure 1 ou le mètre carré vaut 100 décimètres carrés.

En supposant la figure 1 un décimètre carré, on verrait de la même manière que le décimètre carré vaut 100 centimètres carrés.

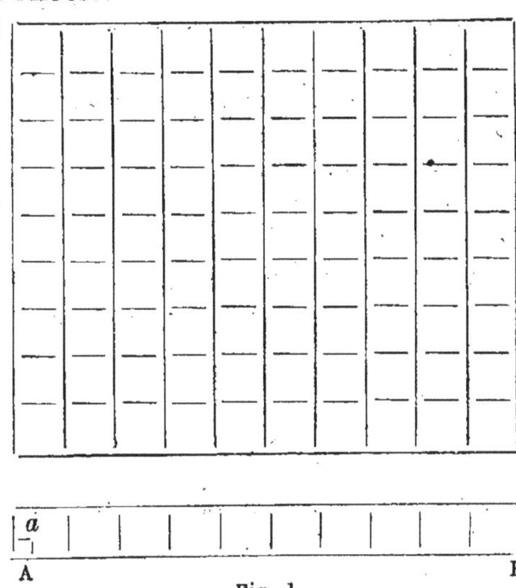

Fig. 1.

En la supposant un centimètre carré, on verrait également que le centimètre carré vaut 100 millimètres carrés.

Exercices sur les surfaces.

On pourra se servir du même tableau (384), seulement la subordination des unités étant ici de 100 en 100, la règle se modifiera de la sorte :

399) RÈGLE. — *Autant d'intervalles, autant de fois deux zéros après l'unité.*

Ainsi, l'on dira : le mètre carré vaut 100 décimètres carrés, parce que de l'unité au *déci*, il y a un intervalle, et le mètre carré vaut 10000 centimètres carrés, et 1000000 de millimètres carrés, parce que de l'unité au *centi* et au *milli*, il y a deux et trois intervalles, et c'est par suite quatre ou six zéros qu'il faut écrire après l'unité.

La figure 1 étant un mètre carré, la bande AB est un dixième du mètre carré; elle contient 10 décimètres carrés; on ne confondra donc pas le *dixième* du mètre carré avec le *décimètre carré*. Il y a dans le mètre carré 10 bandes égales à AB ou 10 dixièmes de mètres carrés et 100 décimètres carrés (A). Il ne faudrait pas non plus confondre le *centième* du mètre carré qui n'est autre chose que le décimètre carré (A), avec le *centimètre carré* (*a*), qui est la dix-millième partie du mètre carré.

151. Conséquences. — Donc le mètre carré vaut 100 décimètres carrés; 10000 centimètres carrés, 1000000 de millimètres carrés.

Donc, pour écrire des décimètres carrés, il faudra, après la virgule, une tranche de 2 chiffres, de 4 pour les centimètres carrés, de 6 pour les millimètres carrés, et le nombre 3 m. q. 82751 se partagera :

$$3 \text{ m. q., } 82.75.10$$

et se lira 3 mèt. car., 82 décim. car., 75 centim. car. 10 millim. car., ou bien, si l'on ne veut pas avoir des carrés

---

400) D'après cette règle, combien le myriamètre carré vaut-il de kilomètres carrés, d'hectomètres carrés (hectares), de décamètres carrés (ares), de mètres carrés (centiares), de décimètres carrés, de centimètres carrés, de millimètres carrés ?

On pourra passer successivement au kilomètre carré, à l'hectomètre carré, etc., remplaçant à volonté les mots d'hectomètre carré, de décimètre carré, de mètre carré, par ceux d'hectare, d'are, de centiare.

401) Prenant plusieurs intervalles, on demandera : combien l'hectomètre carré vaut-il de mètres carrés, combien le myriamètre carré vaut-il de mètres carrés ?

402) Puis, pour les questions inverses, on demandera : qu'est-ce que le millimètre carré relativement au centimètre carré, au décimètre carré, au mètre carré, au décamètre carré, à l'hectomètre carré, au kilomètre carré, au myriamètre carré ? et on continuera en passant au centimètre carré, au décimètre carré, etc., et en prenant plusieurs intervalles à la fois.

parfaits, 3 m. q., 8 dixièmes de m. q., 2 centièmes de m. q., 7 millièmes de m. q., etc.

152. Deuxième remarque sur l'are. — L'are vaut 100 mètres carrés.

En supposant que la figure 1 ait 10^m de A en B et 10^m de A en C, ce sera un décamètre carré ou un are.

Or, la bande AB contient 10 petits carrés ayant chacun un mètre carré, et il y a 10 de ces bandes; donc la figure 1 ou l'are, vaut 100 mètres carrés.

153. Conséquences. — Donc le mètre carré est la centième partie de l'are ou le *centiare*.

L'hectare valant 100 ares, vaudra, par suite, 10000 mètres carrés ou 10000 centiares.

Questions numériques.

403) Enoncer les nombres suivants : 3 m. q.,53; 1 m. q.,789; 8 m. q., 6 ; 0 m. q., 05;   7 m. q., 30815 ; 9 m.,0004 ; 58 ares, 34 ; 389 ares,51 ; 1928 ares,07 ; 812 ares,5 ; 29 myriam. carr., 40063.

404) Combien y a-t-il de *mètres carrés* dans : 35 décam. car., 7 ; 3 hectom. car., 534 ; 8 kilom. car., 021 ;   4 myriam. car., 532; 235 décim. car. ; 31057 centim. car. ; 3109754 millim. car. ?

405) Combien y a-t-il de *décamètres carrés* dans : 12 hectom. q.,5; 3 myriam. car., 48 ; 312 m. q., 89 ; 75013 décim. car. ; 8930127 centim. car. ?

406) Combien y a-t-il d'*hectomètres carrés* dans : 35 myr. car.,7; 418 décam. car.,169 ; 78095 m. q.,06; 39 décam. c.,48; 5 déca. c.,52?

407) Combien y a-t-il de *décimètres carrés* dans : 4 m. q.,3 ; 52 décam. car., 8; 319 centim. car. ; 70913 millim. car. ; 34 centim. car. ; 387 millim. car. ?

408) Combien y a-t-il de *centimètres carrés* dans : 1 m. q.,08 ; 416 décim. car,; 0 m. q.,8; 520 millim. car. ; 37 décam. car.,78 ; 24 millim. car. ; 05 millim. car. ?

409) Combien y a-t-il de *millimètres carrés* dans : 3 m. q.,56; 0 m. q.,129; 25 cent. car. ; 412 décim. car. ; 0 m. q.,0007 ?

410) Combien y a-t-il d'*ares* dans : 3 hect. ;   5 hect.,15; 27 hect.,222 ; 318 centiares ; 4052 centiares ; 85 centiar. ; 9 centiares ?

411) Combien y a-t-il d'*hectares* dans : 825 ares; 702 ares,38 ; 42 ares,18 ; 312087 centiares ; 50179 centiares ; 4008 centiares, 425 centiares ?

REMARQUES SUR LES MESURES DE SOLIDITÉ.

154. Le mètre cube vaut 1000 décimètres cubes. Supposons que la figure 2 ait 1 mètre de A en B, 1 mètre de A en C, 1 mètre de A en D, ce sera un mètre cube.

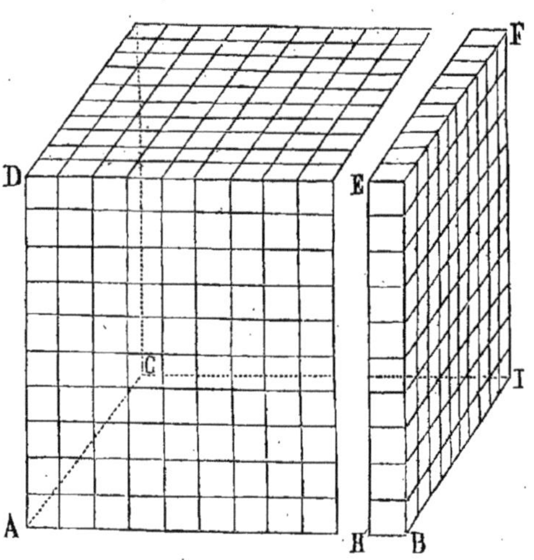

Fig. 2.

La figure montre qu'on peut détacher successivement 10 tranches toutes égales à la tranche BF ayant 1 mètre de base BI, 1 mètre de hauteur BE et 1 décimètre d'épaisseur BH. Or, la tranche BF contient 100 décimètres cubes,

---

412) Combien y a-t-il de *centiares* dans : 12 ares ; 4 ares, 8 ; 5 hectares ; 7 hectar., 89 ; 1 hectar., 413 ; 512 hectares ?

413) On peut réunir toutes ces questions de cette manière : Rapportez successivement au décimètre carré, au centimètre carré, au millimètre carré, au décamètre carré, à l'hectomètre carré, au kilomètre carré, au myriamètre carré, les mêmes nombres : 5 m. q.; 4 m.q.,6 ; 69 m. q.,315 ; 412 m.q.,56 ; 5118 m.q.,818 ; 4012 m.q.,7915 ; 780259 m. q.,120364.

puisque la rangée EF en contient 10 et qu'il y a 10 de ces rangées ; donc le mètre cube en contient 10 fois plus ou 1000.

En supposant que la figure 2 fût un décimètre cube, on démontrerait de la même manière que le décimètre cube vaut 1000 centimètres cubes.

En supposant la figure 2 un centimètre cube, on démontrerait également que le centimètre cube vaut 1000 millimètres cubes.

155. La fig. 2 étant un mètre cube, la tranche BF est un dixième du mètre cube, elle contient 100 décimètres cubes ; on ne confondra donc pas le *dixième* du mètre cube avec le *décimètre cube*. Dans le mètre cube, il y a 10 tranches égales à BF ou 10 dixièmes de mètre cube et 1000 décimètres cubes (E).

Il ne faudrait pas non plus confondre le *centième* du mètre cube, qui est la rangée EF, avec le *centimètre cube*, qui est la $\frac{1}{1000}$ partie du petit cube (E) et par suite la $\frac{1}{1000000}$ du mètre cube.

Exercices sur les solides.

Le même tableau (384) peut encore servir, à l'aide de la règle suivante :

RÈGLE. — *Autant d'intervalles, autant de fois trois zéros après l'unité.*

414) En effet, la subordination des unités est ici, comme on l'a vu, de 1000 en 1000.

L'on dira donc : le mètre cube vaut 1000 décimètres cubes, parce que de l'unité au *déci* il y a un intervalle, ce qui demande trois zéros ; et le mètre cube vaut 1000000 de centimètres cubes et 1000000000 de millimètres cubes, ce qui exige, d'après la règle, six ou neuf zéros.

415) Cela posé, qu'est-ce que le décimètre cube relativement au mètre cube ; qu'est-ce que le centimètre cube relativement au décimètre cube, au mètre cube ; qu'est-ce que le millimètre cube relativement au centimètre cube, au décimètre cube, au mètre cube?

En résumé : La figure 2 étant un mètre cube,

La tranche BF est $\frac{1}{10}$ du mètre cube.

La rangée EF est $\frac{1}{100}$ du mètre cube.

Le petit cube E est $\frac{1}{1000}$ du mètre cube.

Et la $\frac{1}{1000}$ partie de ce même petit cube E serait le centimètre cube.

156. Conséquences. — Donc le mètre cube vaut 1000 décimètres cubes, 1000000 de centimètres cubes, 1000000000 de millimètres cubes.

Donc, pour écrire des décimètres cubes, il faudra prendre après la virgule une tranche de 3 chiffres, de 6 pour les centimètres cubes, et de 9 pour les millimètres cubes, et le nombre 8 m. c., 5634219 se partagera :

$$8 \text{ m. c. , } 563.421.900$$

Questions numériques.

416) Lire les nombres suivants : 6 m. c.,512 ; 4 m. c.,085189 ; 0 m.c.,34 ; 1 m.c.,005 ; 8 m.c.,91234 ; 7 m.c.,13040572 ; 2 m.c.,120005 ; 3 m.c.,002005007.

417) Combien y a-t-il de *mètres cubes* dans : 3159 décim. c. ; 4150037 centim. c. ; 4301500892 mill. c. ; 412 décim. c. ; 82 déc. c.; 6 centim. c. ?

418) Combien y a-t-il de *décimètres cubes* dans : 5 m. c. ; 2 m. c.,345 ; 1 m.c.,52 ; 4012 cent. c. ; 8124315 mill.c. ; 216 cent. c.; 25 cent. c. ?

419) Combien y a-t-il de *millimètres cubes* dans : 2 m. c. ; 1 m. c.,712 ; 3 m. c.,23504 ; 7 m. c.,001 ; 54 décim. c. ; 356 cent. c.; 6 décim. c. ?

420) Rapporter successivement au décimètre cube, au centimètre cube, au millimètre cube, les mêmes nombres : 7 m. c. ; 29 m. c.,6; 8 m. c.,74 ; 84 m. c.,52 ; 412 m. c.,295 ; 25 m. c.,5019 ; 8 m.c.,910185; 0 m. c.,2357092.

421) Combien y a-t-il de *stères* dans : 12 décast. ; 25 décist. ; 3 décist. ?

422) Combien y a-t-il de *décastères* dans : 53 stères ; 315 décist.; 9 stères ; 60 décist. ?

423) Combien y a-t-il de *décistères* dans : 3 stères ; 2 décast. ; 25 décast. ?

et se lira 8 mèt. cub., 563 décim. cub., 421 centim. cub., 900 millim. cub.; ou bien, si l'on ne veut pas avoir des cubes parfaits, 8 mèt. cub., 5 dixièm. de m. c., 6 centièm. de m. c., 3 millièm. de m. c., etc.

REMARQUES SUR LES MESURES DE CAPACITÉ.

157. Première remarque. — On n'a pas donné aux mesures de capacité la forme cubique (celle du dé à jouer) ; l'on a préféré, comme plus commode, la forme cylindrique (celle d'un tuyau de poèle).

Comme ces mesures servent pour la plupart aux objets nécessaires à la vie, telles que les boissons et les grains, on comprend que la loi ait dû intervenir pour en régler la forme. En effet, pour une même mesure, plus elle est haute, plus le *tassement* est grand, et plus elle est large plus le *comble* est considérable, si comble il doit y avoir. La loi a donc sagement décidé :

Relation entre le volume et le poids de l'eau.

424) Que pèse : 1 décim. c. d'eau distillée ; 1 c. c. ; 1 millim. c. ?

425) Combien faut-il de décimètres cubes pour peser 1 quintal métrique, une tonne métrique ?

426) Combien faut-il de centimètres cubes pour peser 1 gramme, 1 décagramme, 1 hectogramme ?

427) Que faudrait-il pour peser 1 milligramme, 1 centigramme, 1 décigramme ?

428) Combien y a-t-il de décimètres cubes dans : 1 kilog. d'eau ; 20 hectog.; 300 décag.; 25 kil., 457 ?

429) Combien pèse 1 litre d'eau distillée, 1 déci, 1 centi, 1 déca, 1 hecto, 1 kilolitre ?

430) Rapporter successivement au kilolitre, à l'hectolitre, au décalitre, au litre, au décilitre, au centilitre, les nombres suivants 7 m. c.; 15 m. c.,375; 0 m. c.,809; 0 m. c.,008135 ?

431) Rapporter successivement au litre, au décilitre, au centilitre, les nombres suivants : 5 kilog.; 24 hectog.; 356 décag.; 4785 grammes ?

7

1° Que toutes les mesures auraient la forme cylindrique ;

2° Que pour les mesures de *boissellerie*, destinées aux matières sèches, le diamètre de la base AB serait égal à la hauteur AC ;

3° Que pour les mesures de liquide, la hauteur AC

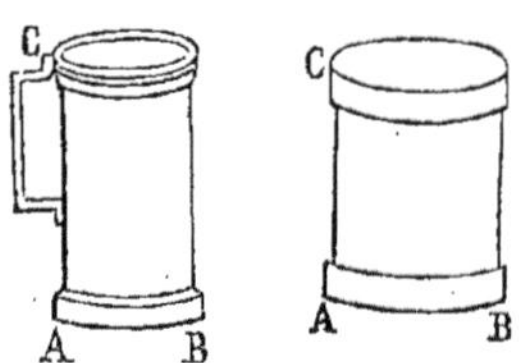

serait double du diamètre de la base AB (le transvasement est ainsi plus facile) ;

4° Que cette hauteur AC et ce diamètre de la base AB, auraient tel nombre de millimètres fixé par elle.

Nota. — On s'assure pratiquement si la condition (3) est remplie, en voyant à l'aide d'un bâton si la hauteur est double de la base. Il est rare, en effet, que le diamètre de la base ne soit pas exact.

158. Deuxième remarque. — Le litre n'étant autre chose que le décimètre cube, ou dans notre fig. (2) le petit cube E;

La rangée EF vaudra 10 litres ou 1 *décalitre.*

La tranche BF vaudra 100 litres ou 1 *hectolitre.*

Et le mètre cube vaudra 1000 litres ou 1 *kilolitre.*

Si l'on supposait la fig. (2) un décimètre cube ou le litre, alors :

La tranche BF serait la $\frac{1}{10}$ partie du litre ou le *décilitre.*

La rangée EF serait la $\frac{1}{100}$ partie du litre ou le *centilitre.*

Et le petit cube E serait la $\frac{1}{1000}$ partie du litre ou le *millilitre.*

REMARQUES SUR LES POIDS.

159. L'unité de poids ou le *gramme* est le poids d'un centimètre cube d'eau distillée ou pure, prise à son maximum de densité et pesée dans le vide.

Le gramme se rattache donc au mètre par son volume qui est celui d'un centimètre cube.

Les *multiples* du gramme sont :

Le *décagramme* ou 10 grammes, poids de 10 centimètres cubes.

L'*hectogramme* ou 100 grammes, poids de 100 centimètres cubes.

Le *kilogramme* ou 1000 grammes, poids de 1000 centimètres cubes.

Les *sous-multiples* du gramme sont :

Le *décigramme* ou la $\frac{1}{10}$ partie du gramme, pesant la $\frac{1}{10}$ partie d'un centimètre cube.

Le *centigramme* ou la $\frac{1}{100}$ partie du gramme, pesant a $\frac{1}{100}$ partie d'un centimètre cube.

Le *milligramme* ou la $\frac{1}{1000}$ partie du gramme, pesant la $\frac{1}{1000}$ partie d'un centimètre cube.

Relation entre la monnaie, le poids et la longueur.

432) Que pèsent 100 francs en argent, 1000 francs, 10000 francs, 100000 francs, 1000000 francs ?

433) Donner successivement le poids de 325 pièces de 1 franc, de 5 francs, de 2 francs, de $1/5$ de franc ?

434) Une somme d'argent pèse 9 kilog.,125. Combien y aurait-il de pièces de 5 francs ; de 1 franc ; de $1/5$ de franc ?

435) Indiquer successivement le poids de 5037 pièces d'or de 10 francs; de 20 francs ; de 50 franes ; de 100 francs ; et ensuite le total.

RELATION ENTRE LES MESURES DE POIDS ET CELLES DE CAPACITÉ.

160. Le centimètre cube d'eau distillée, pesant 1 gramme, le décimètre cube, qui est 1000 fois plus grand, ou le *litre*, pèsera 1000 grammes ou 1 kilog.

Le *décalitre* pèsera 10 kilog.

L'*hectolitre* pèsera 100 kilog.

Le *kilolitre* pèsera 1000 kilog.

161. Première remarque. — Connaissant le poids d'une masse d'eau, on pourra donc toujours connaître son volume, car autant il y aura de grammes, autant il y aura de centimètres cubes.

Ainsi une masse d'eau pèse-t-elle 65 grammes, 65 kilog., elle aura 65 centimètres cubes, 65 décimètres cubes de volume, et réciproquement, connaissant le volume, je connaîtrai le poids, puisque autant il y aura de centimètres cubes, autant il y aura de grammes, autant de mètres cubes autant de kilog.

Deuxième remarque. — De même, on passera du poids d'un corps quelconque à son volume, pourvu qu'on connaisse le poids d'un centimètre cube de ce corps. Ainsi, le centimètre cube du fer, pesant 7 grammes : si j'ai 455

---

436) Une 1re somme en or pèse 2182 gr.,415, combien y a-t-il de pièces de 10 fr. ? Une deuxième pèse 4354 gr.,83, combien y a-t-il de pièces de 20 fr. ? Une troisième pèse 10893 gr.,075, combien y a-t-il de pièces de 50 fr. ? Une dernière pèse 21774 gr.,15, combien y a-t-il de pièces de 100 fr. ?

437) Un sac contient de la monnaie de cuivre pour un poids de 7 kil. 50, dire combien il y aurait de pièces de 10 c., de 5 c., de 2 c., de 1 c., si elles étaient toutes les mêmes ?

438) Que pèserait 1 franc en or et en monnaie de cuivre ?

439) Combien de fois pèse-t-il moins en or qu'en argent, et en argent qu'en cuivre ?

440) Quel est le poids de 1000 fr. en or, en argent et en cuivre ?

441) A quelles pièces d'argent correspond, quant au poids, la pièce de 5 c., de 10 c., de 1 c.?

grammes de fer, j'aurai autant de centimètres cubes que 7 sera contenu dans 455, c'est-à-dire 65 c. c.; inversement on passe du volume au poids, en multipliant le poids d'un centimètre cube par le nombre de centim. cub. qu'on donne. Ainsi, 1 c. c. de fer pesant 7 gram., 65 c. c. de fer pèseront 65 fois plus $7 \times 65 = 455$ gramm.

Nous allons donner le poids d'un centimètre cube des corps les plus connus (c'est ce qu'on appelle *densité*), le poids d'un centim. cube d'eau étant égal à 1.

Eau.	1,0	Verre...	2,5
Platine.	21,8	Porcelaine.	2,1
Or.	19,3	Soufre..	2,0
Mercure..	13,6	Houille.	1,3
Plomb.	11,3	Bois d'orme.	0,8
Argent.	10,5	Acide sulfurique.	1,8
Cuivre.	8,8	Acide nitrique.	1,2
Fer..	7,7	Eau de mer.	1,03
Etain..	7,3	Vin de Bordeaux.	0,99
Zinc.	6,9	Huile d'olive.	0,94
Marbre.	2,8	Alcool..	0,79

442) Il y a dans une bourse de la monnaie de cuivre, pesant 161 gr.,29, combien y aurait-il si c'était de l'or ?

443) Un homme peut porter 150 kilog., dire quelle somme il porterait en or, en argent et en monnaie de cuivre.

444) Combien faudrait-il de pièces de 2 fr. et de 1 fr., placées bout à bout et sur la même ligne, pour avoir la longueur du mètre ?

445) Combien faudra-t-il de pièces de 2 fr. et de 5 fr. pour avoir la même longueur ?

446) Quel est le poids en or d'une somme d'argent de 135 fr. 50 ?

162. Voici la forme et la valeur des poids :

Poids en fonte.

50 kilog.
20 kilog.

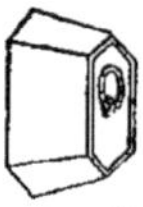

10 kilog.
5 kilog.

double kilog., f 2000	double hectog., 200
kilog., 1000ᵍʳ	hectog., 100ᵍʳ
demi kilog., 500	demi hectog., 50

Poids cylindriques en cuivre.

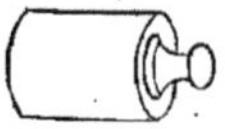

20 kilog.
10 kilog.
5 kilog.

double kilog., 2ᵏ	double hectog., 200ᵍʳ	double décag., 20ᵍʳ	doublegramme.
kilog., 1ᵏ	hectog., 100	décag., 10	gramme.
demi-kilog., 500ᵍʳ	demi-hectog., 50	demi-décag., 5	

Lames en cuivre minces.

demi-gramme.

double décig., 2ᵈ	double centig., 2ᶜ	double millig.
décig., 1ᵈ	centig., 1ᶜ	millig.
demi-décig., 5ᵉ	demi-centig., 5ᵐ	

NOTA. — Le kilogramme a été pris pour unité usuelle du commerce, comme l'unité la plus commode.

Il a été déposé aux Archives, à Paris, pour régulariser au besoin les autres mesures de France, deux mesures modèles ; l'une est une règle en platine qui, à la température zéro, donne la longueur légale du mètre ; l'autre est un décimètre cube, également en platine qui, rempli d'eau distillée et pesé dans le vide, donne, *à 4 degrés au-dessus de zéro,* le poids du kilogramme,

REMARQUES SUR LES MONNAIES.

163. Monnaies de cours. — Il y a trois sortes de monnaies.

1º Celles d'argent comprenant :

La pièce de 5 francs, pesant 25 gr.

La pièce de 2 francs, pesant 10 gr.

Le *franc*, qui est l'unité monétaire du poids de 5 gr.

La pièce de 50 centimes, pesant 2 gr.,50.

La pièce de 20 centimes, pesant 1 gr.

2º Celles d'or comprenant :

La pièce de 100 francs, pesant 32 gr.,258.

La pièce de 50 francs, pesant 16 gr.,129.

La pièce de 20 francs, pesant 6 gr.,4516.

La pièce de 10 francs, pesant 3 gr.,2258.

3º Celles de bronze comprenant :

La pièce de 10 cent., pesant 10 gr.

La pièce de 5 cent., pesant 5 gr.

La pièce de 2 cent., pesant 2 gr.

La pièce de 1 cent., pesant 1 gr.

Titre des monnaies.

447) Combien y a-t-il de cuivre dans 1 kilog. d'or et d'argent monnayés ?

448) Combien y aurait-il de métal fin dans le même poids ?

449) Combien y a-t-il de cuivre dans 40 pièces de 5 fr. en argent et dans 2 pièces de 100 fr. en or ?

450) Combien y a-t-il d'argent pur et d'or pur dans les mêmes sommes ?

451) On a un lingot, soit en or soit en argent (métal fin), du poids de 1 kilog. : on demande quel poids de cuivre il faudrait allier pour avoir de l'or ou de l'argent monnayé ?

452) Quelle quantité d'or ou d'argent (métal fin) faudrait-il allier à 1 kil. de cuivre pour avoir de l'or ou de l'argent monnayé ?

453) Quel est le poids de l'argent pur contenu dans une somme d'argent de 7965 fr. ?

La loi a décidé qu'*à poids égal*, la monnaie d'or vaudrait 15 fois et demi plus que la monnaie d'argent, et la monnaie d'argent 20 fois plus que la monnaie de bronze. Ainsi, 5 gr. d'argent valant 1 f., 5 gr. d'or vaudraient 15 f. 50, et 5 gr. de bronze le vingtième de 1 fr. ou 25 cent.

164. Titre des monnaies. — Dans les monnaies d'or et d'argent, afin de les rendre plus solides, on met les $\frac{9}{10}$ de métal pur ou fin et $\frac{1}{10}$ de cuivre. Cette *quantité de métal pur* $\frac{9}{10}$ ou $\frac{900}{1000}$ est ce qu'on appelle *titre*. Le *titre* pourrait encore se définir : le *quotient* du poids de métal pur par le poids total.

Règle. — Donc, pour connaître la quantité de métal fin contenu dans une certaine somme d'or ou d'argent, il n'y aura qu'à chercher le poids de cette somme (168) et à en prendre les $\frac{9}{10}$, ce qui revient *à multiplier le titre par le poids*. Ainsi, 500 francs en argent, pesant $500 \times 5 = 2$ k. 500 contiennent d'argent pur

$$2,500 \times 0,9 = 2 \text{ k. } 250.$$

Problèmes divers sur le système métrique.

454) Les 0^m,25 cent. d'une toile, se vendant 0 fr ,35, on demande ce que coûterait 7^m,75 de la même toile?

Raisonnement. — Les problèmes de cette sorte se résolvent par une méthode, appelée Méthode de *réduction à l'unité*. Ainsi, dans le cas présent, on cherche le prix du centimètre (unité en question) et l'on dit :

Si 25 cent. coûtent   0 fr. 35

1 — coûtera 25 fois moins $\dfrac{0 \text{ fr. } 35}{25}$

et 775 — coûteront 775 fois plus $\dfrac{0,35 \times 775}{25}$

455) Le transport de 15 quintaux, à une distance de 56 kilom., ayant coûté 40 fr. 50, on demande ce qu'aurait coûté, pour une distance de 75 kilom., celui de 22 quintaux.

456) En supposant qu'on veuille doubler de toile, de 0^m,75 de largeur, la garniture de 12 fauteuils, pour chacun desquels on a employé 1^m,25 de velours, de 0,35 de large ; on demande combien il faudra de cette toile.

La loi reconnaît deux titres pour les ouvrages d'ar-

gent $\begin{cases} 0,920 \\ 0,840 \end{cases}$

Et trois pour les ouvrages d'or, d'orfèvrerie et de bijou-

terie $\begin{cases} 0,920 \\ 0,840 \\ 0,750 \end{cases}$

NOTA. — Pour garantir à l'acheteur la proportion de métal pur et d'alliage marqués dans le titre, chaque objet doit porter un contrôle posé par l'administration après vérification du titre; et ce contrôle, il ne faut point le confondre avec la marque du fabricant.

165. Détails de la pièce de monnaie.—Dans toute pièce de monnaie, on distingue l'*avers* ou la *face*, qui est le côté de la tète et le revers qui est le côté opposé; la *légende,* qui est l'écriture gravée autour de la figure ou sur le milieu de la pièce; l'*exergue,* qui est l'espace réservé du côté du revers pour quelque inscription; le *cordon,* qui est le bord façonné ou gravé de la pièce sur son épaisseur; le *millésime,* date de la fabrication; le *déférent,* qui est la marque du graveur, et le *point secret,* qui est la lettre désignant l'hôtel de la monnaie où a été frappée la pièce. Ces hôtels des monnaies ont été aujourd'hui réduits à sept : ce sont ceux de Paris (A), Rouen (B), Strasbourg (BB), Lyon (D), Bordeaux (K), Marseille (M), Lille (W).

Le diamètre de chaque pièce a été réglé avec précision, à tel point qu'on pourrait s'en servir au besoin pour mesurer des longueurs.

---

457) Combien faudrait-il de pièces de 5 fr., dont le diamètre est de 0m,037, pour mesurer une distance égale au cinquième de 4995, et combien en faudra-t-il pour un mètre ?

458) Une conduite d'eau peut fournir 1 m.c. 319 par minute, on demande combien de litres elle fournira dans les 24 heures.

459) Le prix de 15 hectolitres de blé, étant de 322 fr. 50, quel sera le prix du double décalitre ?

460) Une personne qui a acheté, au prix de 145000 fr., un carré de terre, qui a 475m,25 de côté, en revend 7 hectares 25 cent. et y gagne 3 fr. 75 par are, on demande combien elle a reçu.

Pièces en or.

Pièce de   10 francs, 19 millimètres.
Pièce de   20 francs, 21   —
Pièce de   50 francs, 28   —
Pièce de 100 francs, 35   —

Pièces en argent.

Pièce de 5 francs,   37 millimètres.
Pièce de 2 francs,   27   —
Pièce de 1 franc,   23   —
Pièce de 0,50 cent.,   18   —

Pièces en bronze.

Pièce de 10 centimes, 30 millimètres.
Pièce de 5 centimes, 25   —
Pièce de 2 centimes, 20   —
Pièce de 1 centime,   15   —

---

461) Un marchand vend, à raison de 0 fr. 25 le centiare, trois pièces de terre : la première, de 5 ares 5 centiares ; la deuxième, de 12 ares 13 cent. ; la troisième, de 2 hectares 20 centiares, et il consacre les $^3/_5$ de l'argent qui lui est compté à acheter du blé, à raison de 3 fr. 75 le double décalitre, et le reste à acheter du vin du prix de 0,45 le litre ; on demande quel est le prix de la vente, combien de blé et de vin il peut acheter.

462) Deux propriétaires font un échange : l'un de deux pièces de terre, dont la première, de la contenance de 1 hectare 5 ares 8 centiares, vaut 7 fr. 50 l'are ; et la deuxième, de la contenance de 5 hectares 27 ares 5 centiares, est estimée au prix de 9 centimes le mètre carré ; l'autre propriétaire donne une prairie de 1 hectare 9 ares 75 centiares, au prix de 5500 fr. l'hectare, le surplus devant être payé en vin de 0 fr. 35 le litre ; on demande combien d'hectolitres de vin recevra ce dernier.

463) On achète du froment à raison de 19 fr. l'hectolitre ; on demande : 1° combien on aura de doubles décalitres pour 132 fr. 50 ; 2° à combien revient le quintal métrique sachant que le litre pèse 800 grammes ?

166. Relation entre le franc et le mètre. — Le franc se rapporte au mètre, d'abord par son diamètre, comme nous venons de le voir, et aussi par son poids ; car le franc pèse 5 grammes, et le gramme est le poids d'un *centimètre* cube d'eau.

167. Relation entre le franc et le gramme. — Le franc pesant 5 grammes, si l'on connaît le poids d'une somme d'argent en divisant par 5, on aura le nombre de francs qu'elle contient ; et réciproquement, si l'on connaît le nombre de francs contenus dans une somme d'argent, pour avoir leur poids il n'y aura qu'à multiplier par 5.

On pourrait peser avec des pièces de monnaie : la pièce de 2^f pesant 10^{gr}, 10 pièces de 2^f donneraient l'hecto-gramme, et 100 pièces de 2^f ou 40 pièces de 5^f donneraient le kilogramme.

---

464) Un mois de 26 journées rapporte à un ouvrier 60 fr. 50, on demande : 1° combien il devrait gagner par jour pour avoir 70 fr. 50 au bout du même temps ; 2° quelle économie il pourrait faire au bout de l'an en dépensant par jour 1 fr. 95.

465) On veut vider un réservoir qui contient 35 m. c. d'eau et on emploie pour cela une pompe qui épuise 7 hectol. 5 par heure ; on demande combien il faudra de temps pour vider le réservoir et combien il faudra employer d'hommes, en supposant que les quatre qui y travaillent sont relevés tous les quarts d'heure.

466) Un marchand achète un jardin de 22 ares 3 centiares, au prix de 3500 francs l'hectare, à condition qu'il le payera en marchandises, consistant : 1° en 13 sacs de blé, contenant chacun 7 doubles décalitres à 18 fr. 70 l'hectolitre ; 2° en trois pièces de toile de 25 mètres chacune, au prix de 4 fr. 50 le mètre ; on demande combien il devra de livres de riz, estimé à 0 fr. 35 le kil.

467) Le sucre étant au prix de 1 fr. 75 le kilog., on demande combien on en aura pour 0 fr. 45.

468) On a deux lingots, dont l'un, au titre 0,870, pèse 5 kil.,75 ; et l'autre, au titre de 0,790 pèse 115 hect. ; on veut les fondre en un seul, et on demande quel sera le poids du cuivre et le titre de l'alliage.

469) Un lingot d'argent, au titre de 0,870, pèse 5 kilog. 225 ; on demande combien il faudrait retrancher de cuivre pour le ramener au titre légal.

AVANTAGES DU NOUVEAU SYSTÈME.

168. Les avantages du nouveau système ressortent surtout des inconvénients que nous avons signalés dans les anciens. Ces avantages sont :

I. L'*unité*, puisqu'à lui seul il remplace aujourd'hui tous ces systèmes dont la diversité était non seulement une fatigue pour la mémoire, mais encore une source inépuisable de fraudes.

II. La *simplicité :* 1° quant à sa formation, puisque toutes les mesures dérivent du mètre, toutes jusqu'au franc, qui s'y rattache par son poids ; 2° quant à sa nomenclature, puisque tous les multiples et sous-multiples se forment au moyen des mêmes mots : *déca, hecto,*

---

470) Si on a un lingot d'argent pur de 7 hect.,326, l'on demande combien on pourra faire de pièces de 5 francs au titre légal.

471) Chaque pièce de 5 francs ayant une largeur de 37 millimètres et une épaisseur de 2 millimètres $1/_2$, on demande la longueur qu'on mesurerait 1° en ajoutant les pièces bout à bout ; 2° en les appliquant l'une contre l'autre avec le budget de la France 1,800,000,000.

472) On revend, à 0 fr. 90 c. le centiare, les $3/_4$ d'une pièce de terre, d'une étendue de 37 ares 48, qui a coûté 2811 francs ; on demande 1° combien on a gagné par centiare sur la partie vendue ; 2° à combien revient le centiare de la partie qui reste ?

473) Deux trains de chemin de fer, se dirigeant l'un vers l'autre avec une vitesse, l'un de 9 lieues, l'autre de 12 lieues à l'heure : le premier part à 5 heures du matin et le deuxième à 6 heures $3/_4$; on demande à quelle heure et à quelle distance ils se croiseront, sachant que la distance qui les sépare est de 150 kilomètres.

474) Combien faudrait-il d'eau distillée pour faire équilibre en poids à une somme d'argent de 1564 fr. 25 ?

475) Une fermière vend 35 toisons de brebis, pesant chacune 7 kil. 35, au prix de 275 francs le quintal métrique, plus la provision d'œufs de l'année, qu'elle estime de 45 par semaine, à 0 fr. 55 c. la douzaine, et 80 têtes de volaille, à 2 fr. 50 pièce en moyenne ;

kilo, déci, centi, milli; 3° et enfin quant aux calculs, qui, grâce à la base décimale adoptée, sont d'une grande facilité.

III. La *fixité,* puisque l'unité fondamentale ayant été puisée dans la nature, il serait absolument possible de la retrouver, si elle venait à s'altérer.

IV. L'*universalité;* car n'ayant rien par lui-même de particulier à un peuple, il pourra un jour être adopté par tous les peuples, comme il l'a été déjà par plusieurs.

---

elle emploie les 2/3 du produit de cette vente pour les dépenses du ménage, et elle veut savoir combien, avec le surplus, elle pourra acheter de mètres d'étoffe.

476) Un ouvrier a concassé, pour empierrement de route, 7 m. c. 65 déc. c., et a reçu 31 fr. 50 : en supposant qu'il y ait employé 15 jours et demi, la journée étant de 9 heures, on demande 1° combien lui a été payé le mètre cube, et 2° combien il a fait de travail par heure.

477) A combien revient le litre d'eau-de-vie, sachant que 11 hect. ont coûté 1053 fr. 25.

478) En supposant qu'un propriétaire ait récolté 350 hectol. de froment et qu'il en ait vendu les 7/8 au prix de 3 fr. 35 le double décalitre; on demande 1° ce qui lui reste; 2° combien il doit recevoir; 3° la quantité de pain qu'on fera avec la partie vendue, si un hectolitre en fait 125 kil. 80.

479) On peut, avec une dépense de 422500 francs, conduire à une ville 600 m. c. d'eau d'une certaine source, et avec 400000 francs on peut y conduire 2300 m. c. d'eau d'une autre source, par 24 heures; on demande 1° la différence du prix du mètre cube; 2° le nombre de litres débités par seconde dans les deux systèmes.

480) Un débitant de boissons achète 95 hectolitres de vin au prix de 72 fr. 50 les 450 litres; en supposant que le déchet au moment de la vente soit de 1/20 et qu'il veuille gagner 85 francs sur son marché, on demande combien il devra revendre le litre.

481) On demande quels seraient les poids usuels à employer pour peser une somme d'argent de 1075 fr. 50 (161).

NOTIONS HISTORIQUES DU MÈTRE.

169. Le mètre est la dix-millionième partie du quart du méridien terrestre, c'est-à-dire de la distance PE′ du

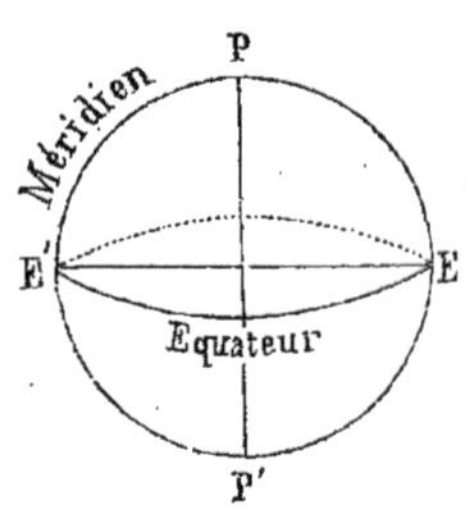

pôle à l'équateur. On a pris de préférence une partie du méridien pour mesure du mètre, afin que ce qui sert de base au nouveau système n'eût rien de changeant et d'arbitraire, et que tous les peuples pussent un jour adopter ce dernier, tous ayant d'ailleurs un méridien qui est le même en longueur.

C'est l'Assemblée constituante qui, en 1791, ordonna de mesurer le méridien. Méchain et Delambre furent chargés de ce travail difficile, qui dura 9 ans. Delambre eut la partie nord, comprise entre Dunkerque et Rodez, et Méchain la partie sud, qui s'étend de Rodez à Barcelone.

Ces deux savants trouvèrent que la longueur PE′ est de 5130740 toises ; et, en divisant ce nombre par 10000000, on eut la longueur du mètre exprimé en toises : $\frac{5130740}{1000000} = 0^t,5130740$.

Mais ce n'a été qu'en 1837 qu'une loi a rendu obligatoire, dans tous les marchés, à partir de 1840, le nouveau système tel que nous venons de l'exposer.

LIVRE VI.

Seizième Leçon.

DES RAPPORTS.

170. Préliminaire. — Jusqu'à présent, nous avons évalué les grandeurs en les comparant à leur unité respective; unité, au reste, de pure convention, et le résultat de cette comparaison est ce que nous avons appelé *nombre*.

Un nombre n'est donc autre chose que le *rapport* de la quantité à mesurer à son unité. Ainsi, dire qu'un mur a 7 mètres de longueur, c'est dire qu'il est 7 fois plus long que le mètre; ce que l'on pourrait écrire ainsi $\frac{7}{1}$, le dénominateur étant contenu 7 fois dans le numérateur.

Mais souvent, au lieu de comparer une quantité avec son unité, ce qui revient à la mesurer (482), on compare

---

482) Quand on mesure une quantité, il pourrait se faire qu'après avoir porté l'unité, le mètre, par exemple, sur la longueur à mesurer, je suppose 7 fois, il y eût un reste ; alors, pour mesurer ce reste, on prendrait une subdivision du mètre, le décimètre, par exemple, et on le porterait sur ce reste ; s'il y était contenu 3 fois exactement, on dirait que ce mur a $7^m,3$ décim.; s'il y avait un nouveau reste, pour le mesurer on prendrait une subdivision plus petite encore du mètre, le centimètre, et s'il y était contenu 5 fois exactement, on dirait que le mur a $7^m,3$ décim. 5 centim. S'il y avait un nouveau reste, on prendrait une subdivision du mètre

entre elles deux quantités de même nature déjà mesu-
rées, et le résultat de cette comparaison est plus parti-
culièrement ce qu'on appelle *rapport*. Ainsi, en comparant
deux murs, dont l'un aurait 14 mètres et l'autre 7, le
rapport de ces deux murs, qu'on pourrait écrire ainsi $\frac{14}{7}$,
est 2, c'est-à-dire que le mur le plus grand est le double
de l'autre.

Toutefois, il n'est pas indispensable d'avoir mesuré
deux quantités pour les comparer; il suffit d'avoir cherché
leur commune mesure (483), et si cette commune mesure
est contenue 7 fois, je suppose, dans la plus grande et
3 fois dans la plus petite, on dira que le *rapport* de ces
deux quantités est de $\frac{7}{3}$.

171. Définition. — On appelle donc *rapport*, le quotient de la division de deux nombres.

Le rapport de 14 à 7 est 2, et les deux nombres donnés,
14 et 7 sont dits les deux *termes* du rapport, qu'on peut
écrire (51) l'un au-dessous de l'autre sous forme de fraction $\frac{14}{7}$, ou au moyen de deux points interposés (14 : 7).
On adopte cette seconde manière, surtout quand les deux
termes sont eux-mêmes des fractions; le rapport de
$\frac{2}{3}$ à $\frac{5}{4}$ égal à $\frac{8}{9}$ s'écrit $\frac{2}{3} : \frac{5}{4} = \frac{8}{9}$.

172. Remarque. — On pourrait comparer deux nombres autrement que par la division, en retranchant l'un
de l'autre, et le rapport serait dit alors *rapport par différence*. Ainsi, le rapport par différence de 14 à 7 est

---

encore plus petite que les précédentes, le millimètre, qu'on porterait sur ce troisième reste, et s'il y était contenu 2 fois exactement, on dirait que le mur a 7^m,3 décim. 5 centim. 2 millim., ou
bien 7^m,352. Et si, enfin, il y avait un dernier reste que l'on négli-
gerait, ce reste étant plus petit que le millimètre, on dirait que
7^m,352 est la mesure de la longueur en question, à un millimètre
près. Ces subdivisions : *décimètres, centimètres, millimètres*,
contenues un nombre exact de fois dans le mètre, sont dites
parties aliquotes du mètre.

7 $(14-7=7)$, tandis que le rapport par quotient est
2 $(\frac{14}{7}=2)$; mais nous ne parlerons que des rapports par
quotient.

173. Conséquences. — I. De la définition du rapport (171) il suit que, si l'on rend le numérateur 2, 3, 4... fois plus grand, le rapport sera également rendu 2, 3, 4... fois plus grand.

II. Que si l'on rend le dénominateur 2, 3, 4... fois plus grand, le rapport sera, par suite, rendu 2, 3, 4.... fois plus petit.

III. Que si l'on rend à la fois le numérateur et le dénominateur 2, 3, 4... fois plus grand, le rapport ne changera pas. Cette troisième conséquence serait encore vraie, si, au lieu de rendre numérateur et dénominateur 2, 3, 4... fois plus grands, on les rendait 2, 3, 4.... fois plus petits (40).

IV. Que si le numérateur est égal au dénominateur, le rapport est égal à l'unité.

V. Que si le numérateur est plus grand que le dénominateur, le rapport est plus grand que l'unité.

VI. Que si le dénominateur est plus grand que le numérateur, le rapport est plus petit que l'unité.

VII. Que le numérateur est égal au rapport multiplié par le dénominateur; car, dans toute division, le dividende est égal au quotient multiplié par le diviseur : ainsi dans le rapport $\frac{7}{14}$ (rapport renversé de $\frac{14}{7}$), 7 (dividende) égale les $\frac{7}{14}$ (quotient) de 14 (diviseur), ou bien $= 7$ fois la 14e partie de 14.

---

483) Pour trouver la commune mesure de deux quantités, on porte la plus petite sur la plus grande; s'il y a un reste, on porte ce reste sur la plus petite; s'il y a un nouveau reste, on le porte sur le premier; puis le troisième sur le second... ainsi de suite, jusqu'à ce qu'on soit arrivé à un reste contenu exactement dans le précédent. Ce dernier reste est dit la *commune mesure;* et l'on voit qu'elle serait contenue un nombre exact de fois dans les deux quantités données, lesquelles sont dites alors *commensurables.*

174. Remarques. — I. La conséquence III sert : 1° à obtenir une suite de rapports égaux, un seul étant donné. Il n'y a qu'à multiplier les deux termes de ce rapport par le même nombre : par exemple, par 2, par 3, par 4, etc. Ainsi $\frac{2}{3} = \frac{4}{6} = \frac{6}{9} = \frac{8}{12}$.... Et, réciproquement, elle sert à reconnaître si plusieurs rapports donnés sont égaux, en voyant si, par la division ou la multiplication, on peut les ramener à un seul et même rapport. Ainsi $\frac{7}{21} = \frac{3}{9}$, parce que tous les deux simplifiés donnent $\frac{1}{3}$, et $\frac{12}{4} = \frac{9}{3}$, parce que, multipliant le premier par 3 et le second par 4, on a dans les deux cas $\frac{36}{12}$.

II. La même conséquence sert à convertir des rapports de fraction en des rapports de nombres entiers; il n'y a qu'à les réduire au même dénominateur, que l'on supprime ensuite. Par exemple : $\frac{3}{4} : \frac{5}{6} = \frac{18}{24} : \frac{20}{24} = 18 : 20$.

DES RAPPORTS ÉGAUX.

175. Première propriété. — Deux rapports étant égaux, le rapport des numérateurs est le même que celui des dénominateurs.

Soit
$$\frac{24}{6} = \frac{12}{3} ;$$

l'on aura
$$\frac{24}{12} = \frac{6}{3} .$$

---

484) A cause de l'imperfection de nos instruments, on arrive nécessairement à un reste assez petit pour paraître contenu exactement dans le reste précédent; mais on conçoit qu'il y ait des quantités entre lesquelles il n'y ait point de commune mesure, c'est-à-dire entre lesquelles une quantité aussi petite que l'on voudra de la seconde ne soit pas contenue exactement dans la plus grande, et ces deux quantités sont dites dans ce cas *incommensurables.*

Démonstration. — En effet, dans l'exemple précédent, on voit qu'on a obtenu le rapport $\frac{24}{6}$ en multipliant les deux termes du rapport $\frac{12}{3}$ par 2; donc 6 est autant de fois plus 3 que 24 est lui-même plus grand que 12; donc $\frac{24}{12} = \frac{6}{3}$.

Nota. Les quatre termes de deux rapports égaux constituent une proportion que l'on écrirait ainsi : 24 : 6 :: 12 : 3, et dans chaque rapport le numérateur est appelé *antécédent* et le dénominateur *conséquent*.

176. Deuxième propriété. — Deux rapports étant égaux, la somme des numérateurs et celle des dénominateurs forment un nouveau rapport égal aux premiers.

Soit
$$\frac{24}{6} = \frac{12}{3},$$

l'on aura
$$\frac{24+12}{6+3} = \frac{6}{3}.$$

Démonstration. — En effet, d'après la propriété précédente, on a
$$\frac{24}{12} = \frac{6}{3}.$$

Questions sur les Rapports.

485) Qu'appelle-t-on rapport de deux nombres?

486) Combien de sortes de rapports y a-t-il?

487) A quoi est égal le rapport des deux fractions $\frac{4}{5}$, $\frac{7}{5}$, et celui des fractions $\frac{3}{8}$, $\frac{3}{11}$?

488) Simplifier le rapport $\frac{7}{14}$, et les rapports $5\frac{3}{4}$, $9\frac{2}{3}$?

489) Les rapports $\frac{9}{3}$, $\frac{12}{4}$, sont-ils égaux entr'eux?

Or, si l'on ajoute à chaque dividende une fois son diviseur, le quotient augmente de 1. Donc, puisque par supposition les quotients, c'est-à-dire les rapports, étaient égaux avant cette addition, ils le sont encore après. Donc

$$\frac{24+12}{12} = \frac{6+3}{3}.$$

Et en vertu de la même propriété précédente, il vient

$$\frac{24+12}{6+3} = \frac{12}{3}.$$

177. Troisième propriété. — Si l'on a une suite de rapports égaux, la somme de tous les numérateurs et celle de tous les dénominateurs forment un nouveau rapport égal aux premiers.

Exemple. — Soit la suite des rapports égaux :

$$\frac{12}{3} = \frac{24}{6} = \frac{36}{9} = \dots$$

l'on aura

$$\frac{12+24+36}{3+6+9} = \frac{36}{9} = \dots$$

---

490) Ramener à des nombres entiers les rapports fractionnaires $\frac{3}{4}$, $\frac{5}{6}$?

491) 15 est les $\frac{3}{4}$ de 20; qu'est 20 par rapport à 15 ?

492) Le rapport de deux fractions est $\frac{63}{48}$, et l'une de ces fractions est $\frac{7}{8}$: trouver l'autre.

493) Quel est le rapport : 1° entre deux longueurs, l'une de $45^m,7$, et l'autre de 21 mètres; 2° entre deux surfaces, l'une de 34 hectares, et l'autre de 13 hect., 9 centiares ?

Démonstration. — En effet, en vertu de la deuxième propriété, les deux rapports égaux

$$\frac{12}{3} = \frac{24}{6}$$

donnent

$$\frac{12+24}{3+6} = \frac{24}{6} = \frac{36}{9}.$$

Donc, en vertu de la même propriété, les deux rapports égaux

$$\frac{12+24}{3+6} = \frac{36}{9}$$

donneront

$$\frac{12+24+36}{3+6+9} = \frac{36}{9}.$$

Il en serait de même si, au lieu de trois rapports égaux, on en avait un nombre quelconque.

Dix-septième Leçon.

DES GRANDEURS QUI VARIENT DANS LE MÊME RAPPORT OU DANS UN RAPPORT INVERSE.

PROBLÈMES CONNUS AUTREFOIS SOUS LE NOM DE RÈGLES DE TROIS.

Dans une foule de questions d'arithmétique, on considère des grandeurs d'espèce différente tellement dépendantes entr'elles que, quand les unes varient, les autres varient dans le même rapport ou dans un rapport inverse, et l'on se propose de déterminer l'une de ces grandeurs quand on connaît toutes les autres.

Comme dans les cas les plus simples l'on donne trois de ces grandeurs et qu'on demande la quatrième, l'on a pour cette raison désigné ces problèmes sous le nom de *règles de trois.*

RÈGLE DE TROIS SIMPLE.

Quelques exemples serviront mieux qu'aucune théorie à nous faire bien comprendre.

179. *Exemple I.* — 20 ouvriers ont fait 50 mètres d'ouvrage en un certain temps, on demande combien 100 ouvriers travaillant pendant le même temps feraient de mètres du même ouvrage ?

Il est évident qu'un nombre double, triple, quadruple... d'ouvriers doit faire 2, 3, 4... fois plus d'ouvrage dans le même temps. En d'autres termes *plus* il y aura d'ouvriers, *plus* il y aura d'ouvrage de fait. Donc le nombre d'ouvriers et le nombre de mètres d'ouvrage exécuté sont dans le *même rapport.*

RÈGLE DE TROIS SIMPLE.

Problèmes.

494) Un convoi parcourt sur le chemin de fer 9 lieues et demie à l'heure ; on demande en combien de temps il aura parcouru 75 lieues.

495) 35 mètres 1/4 d'ouvrage ont été payés 105 fr. 75 ; on demande combien on payera pour 82^m,50 du même ouvrage.

496) On donne à trois faucheurs 54 fr. 50 pour faucher un pré de 1 hect. 25 ; on demande combien on devra leur donner pour une prairie de 9 hectares 95 centiares.

497) 15 hectolitres de blé pèsent 580 kilog. ; quel sera le poids de 75 décalitres ?

Mais si la question était posée de cette manière : 20 ouvriers ont mis 50 jours pour faire un certain ouvrage, on demande quel temps mettraient 100 ouvriers pour faire le même ouvrage ?

Il est clair qu'un nombre double, triple, quadruple... d'ouvriers mettraient 2, 3, 4.... fois moins de temps pour faire le même ouvrage, c'est-à-dire que *plus* il y aurait d'ouvriers, *moins* il faudrait de temps pour faire le même ouvrage. Par conséquent, les ouvriers et les jours varient ici dans un *rapport inverse*.

180. *Exemple II.* — Il faut 3 mètres de drap pour faire 1 habit, on demande combien il en faudra pour faire 4 habits semblables ?

Il est clair que pour un nombre double, triple, quadruple... d'habits, il faudra 2, 3, 4... fois de mètres de drap. Donc *plus* il y aura d'habits, *plus* il faudra de mètres de drap, et l'on voit que les mètres et les habits varient dans le *même rapport*.

---

498) Une terre rapporte 9 pour 1 ; dire combien produiront 9 hectolitres 75 de semence.

499) 7 ouvriers ont mis 18 jours pour faire un certain ouvrage ; combien y mettront 9 ouvriers pour faire le même ouvrage ?

500) On veut deux pièces de bois de même longueur qui se fassent équilibre : la première a 0 m.,37 de large sur 0 m.,05 d'épaisseur , la seconde a une largeur de 0 m.,28 ; quelle devra être son épaisseur ?

501) Un réservoir est rempli en 15 heures par une source qui donne 7 litres par minute ; on demande en combien de temps il serait rempli si la source donnait 13 litres par minute.

502) On a payé 78 fr. 90 pour le transport d'un bagage à la distance de 125 kilom.; on demande ce qu'il faudrait payer si la distance était de 257 kilomètres.

582 *bis*) Un commis voyageur a 12 pour cent sur la marchandise dont il trouve le placement, il a vendu pour 1750 fr.,75 ; dire quelle est sa part.

503) 14 ouvriers font 360 mètres d'ouvrage dans le même temps que 9 ouvriers en font 295 ; dire quels sont les plus habiles.

Mais si la question était celle-ci : Il faut 3 mètres de drap d'une largeur de 1 mètre pour faire un certain habit, on demande combien il faudra de mètres de drap de la largeur de 2 mètres pour faire le même habit ?

L'on voit que, puisque l'habit reste le même, avec du drap d'une largeur double, triple..., il faut 2, 3... fois moins de mètres, en sorte que *plus* la largeur sera grande, *moins* il faudra de mètres de drap. La largeur et la longueur sont donc ici dans un *rapport inverse*.

181. Résumé. — Donc toutes les fois qu'en comparant deux sortes de grandeurs données, on peut dire *plus*, *plus* pour les unes et les autres, le rapport est *direct*, parce que les quantités varient dans le même rapport.

Et toutes les fois, qu'au contraire il faut dire *plus* pour les unes et *moins* pour les autres, le rapport est dit *indirect* ou *inverse*, parce que les quantités varient dans un rapport inverse.

182. Règle pratique. — On commence par écrire dans la même colonne les grandeurs de même espèce, c'est-à-dire les ouvriers avec les ouvriers, les mètres avec les mètres, etc... Puis, commençant par la colonne qui est complète, on raisonne ainsi : Si 20 ouvriers ont fait 50

---

504) Il faut 28 mètres de toile, large de $1^m,25$ pour faire 12 chemises ; combien en faudra-t-il si la toile n'a que $0^m,85$ de large ?

505) Une pendule avance de 5 minutes 25 secondes par jour ; on demande dans combien de temps elle marquera de nouveau l'heure véritable.

506) Un équipage n'a plus de vivres que pour 25 jours ; s'il doit tenir la mer pendant 40 jours, on demande à combien doit se réduire la ration de chaque homme par jour ?

507) Un marchand a vendu 295 fr. 75 une pièce de drap, qui ne lui coûtait que 249 fr.,50 ; combien a-t-il gagné pour cent ?

508) Si la pièce se compose de 18 mètres, dire combien ce marchand a gagné par mètre, et combien il devrait vendre 7 m.,50 pour gagner deux fois plus par mètre.

mètres d'un certain ouvrage, 1 seul ouvrier en fera 20 fois moins et 100 ouvriers en feront 100 fois plus qu'un seul, et l'on dispose les calculs de la manière suivante :

$$\text{20 ouv.} \qquad \text{50 m.}$$
$$100 \qquad x$$

$$\text{Si 20 ouv. ont fait} \qquad\qquad 50$$

$$1 \qquad \text{en fera 20 fois moins} \qquad \frac{50}{20}$$

$$\text{et 100} \qquad \text{en feront 100 fois plus} \qquad 50 \times \frac{100}{20} \quad (1)$$

Pour le second exemple, les colonnes une fois faites, on raisonnerait de cette manière :

$$\text{20 ouv.} \qquad \text{50 j.}$$
$$100 \qquad x$$

$$\text{Si 20 ouv. ont mis pour faire un ouvrage} \qquad \text{50 j.}$$

$$1 \qquad \text{en mettra 20 fois plus} \qquad 50 \times 20$$

$$\text{et 100} \qquad \text{en mettront 100 fois moins} \qquad 50 \times \frac{20}{100} \quad (2)$$

---

509) Une garnison de 800 hommes a des vivres pour 40 jours ; combien faut-il en faire partir si l'on veut que les vivres durent 2 mois ?

510) Deux pièces de drap sont : l'une de 28 mètres et l'autre de 35 mètres ; on sait que l'une coûte 152 francs de plus que l'autre ; on demande le prix de chacune des deux pièces.

511) Le cent d'oranges coûtant 15 francs, on demande le prix de la douzaine.

183. Formule. — L'on voit, d'après la solution (1), que quand la règle est *directe*, il n'y a qu'à multiplier la quantité qui se trouve dans la colonne de x, c'est-à-dire la quantité qui est de même nature que x, par le rapport des deux autres *écrites dans le même ordre*. Et quand la règle est *inverse*, la solution (2) montre qu'il faut multiplier la quantité qui est de même nature que x par le rapport des deux autres écrites *en sens inverse*.

184. Remarque. — On suppose, dans les exemples précédents où il est question de travail, que les ouvriers que l'on emploie sont d'égale force, et qu'ils travaillent tous avec la même ardeur, ce qui n'est pas ; il semble donc qu'on ne pourrait pas, dans ces conditions, établir des rapports égaux, mais l'erreur qu'on commet est d'autant moindre qu'on opère sur des nombres plus considérables.

RÈGLE DE TROIS COMPOSÉE.

185. Définition. — La règle de trois composée est une règle où entrent plusieurs règles de trois simples.

---

512) On gagne 15 fr. 75 pour cent sur une marchandise qu'on a revendue 1225 francs ; on demande ce qu'on a déboursé.

513) En 8 jours, 3 ouvriers ont exécuté un certain ouvrage ; combien y auraient-ils mis de temps s'ils avaient été deux de plus ?

514) Un marchand accorde un rabais de 12 pour cent en poids sur une marchandise qui pèse 5137 kilog. et qu'il vend 0 fr.,75 le kilog. ; dire combien il a vendu cette marchandise.

515) On achète deux qualités de vin, l'une à 0 fr..35 le litre, l'autre à 0,60 ; on veut avoir autant de litres d'une quantité que de l'autre ; on demande combien on en aura pour 95 fr. 15.

516) Le port d'une caisse de marchandise, du poids de 135 kilog., est de 45 francs par quintal métrique ; on a donné 65 francs ; on demande ce qu'on a donné de trop.

L'inconnue, au lieu d'y dépendre d'un seul rapport, y dépend de plusieurs rapports diversement combinés entr'eux.

186. *Exemple I.* — 20 ouvriers ont fait 50 mètres d'ouvrage en 3 jours, on demande combien 100 ouvriers en feraient en 7 jours ?

Dans cet exemple, comme on le voit, le nombre de mètres d'ouvrage à exécuter ne dépend pas seulement du nombre d'ouvriers qui y travaillent, mais encore du nombre de jours pendant lesquels ils travaillent ; il faut donc tenir compte des uns et des autres, ce que l'on fait de la manière suivante :

187. Règle pratique. — Après avoir écrit les grandeurs de même espèce les unes au-dessous des autres, c'est-à-dire les ouvriers avec les ouvriers, les mètres avec les mètres, les jours avec les jours..., on prend les colonnes deux par deux que l'on traite comme précédemment (182), *en ayant soin de faire entrer toujours en ligne de compte la colonne qui renferme x*, et de prendre les autres successivement par ordre d'importance.

$$\begin{array}{ccc} 20\ \text{ouv.} & 50\ \text{m.} & 3\ \text{j.} \\ 100 & x & 7 \end{array}$$

Raisonnement. — Ainsi faisant d'abord abstraction de la colonne des jours, qui est la moins importante, et ne

---

RÈGLE DE TROIS COMPOSÉE.

Problèmes.

517) On a payé à 23 ouvriers, qui ont travaillé 6 jours, la somme de 375 francs ; on demande combien il faudra donner à 15 ouvriers qui travailleraient pendant 12 jours.

518) Il a fallu, pour faire 5 tuniques, 12 m.,75 de drap, d'une largeur de 1 m.,25 ; combien en faudrait-il pour faire 13 tuniques, si le drap n'était large que de 3/4 de mètre ?

considérant que celle des mètres et des ouvriers, on dit, en raisonnant comme plus haut (182) : Si 20 ouvriers ont fait 50 mètres d'ouvrage, 1 seul ouvrier en ferait 20 fois moins, et 100 ouvriers, 100 fois plus qu'un seul. Puis abordant la colonne des jours on dira : Et cela en 3 jours et en 1 jour le même nombre d'ouvriers en ferait 3 fois moins, et en 7 jours 7 fois plus qu'en 1 seul. Voici comment se disposent les calculs :

$$\text{Si } 20 \text{ ouv. ont fait} \qquad 50 \text{ m.}$$

$$1 \qquad \text{en fera 20 fois moins} \qquad \frac{50}{20}$$

$$\text{et } 100 \qquad \text{en feront 100 fois plus} \qquad 50 \times \frac{100}{20}$$

$$\text{et cela en 3 j.}$$

$$\text{en } 1 \qquad 100 \text{ en feront 3 fois moins} \qquad 50 \times \frac{100}{20 \times 3}$$

$$\text{et en } 7 \qquad 100 \text{ en feront 7 fois plus} \qquad 50 \times \frac{100}{20} \times \frac{7}{3} \qquad (3)$$

188. *Exemple II.* — 20 ouvriers ont mis 50 jours, à raison de 8 heures par jour, pour faire 175 mètres d'ouvrage, on demande combien 100 ouvriers mettraient de

---

519) Si le transport de 585 kilog., à la distance de 54 kilom., a coûté 15 fr. 50, que coûterait le transport de 375 kilog. à la distance de 125 kilomètres ?

520) Il faut 5 ouvriers, travaillant pendant 3 jours et 9 heures par jour, pour fouir une vigne de 1 hectare 35 ares ; on demande combien d'ouvriers il faudrait pour fouir une vigne de 3 hectares 19 centiares, à raison de 8 heures par jour, si la difficulté du premier terrain était à celle du second comme 3 est à 2 et si la force des premiers ouvriers était à celle des seconds comme 5 est à 6 ?

521) Sachant qu'il faut 35 kil.,50 de tourbe chauffée pendant 12 heures pour donner 3 m. cubes de gaz d'éclairage, on demande la quantité de tourbe nécessaire pour donner 2500 mètres cubes de ce gaz, en supposant qu'il faille chauffer celle-ci pendant 15 heures.

jours; à raison de 9 heures par jour, pour faire 250 mètres
du même ouvrage ?

20 ouv.	50 j.	8 h.	175 m.
100	x	9	250

RAISONNEMENT. — Prenant la colonne des jours et celle
des ouvriers qui sont les plus importantes, on dit : si les
20 ouvriers ont mis 50 jours pour faire un certain ouvrage,
1 seul en mettra 20 fois plus (rapport inverse) et 100 en
mettront cent fois moins qu'un seul; *et cela* à raison de
8 heures par jour; à raison d'*une* heure, ces 100 ouvriers
en mettront 8 fois plus (rapport inverse), et à raison de
9 heures, 9 fois moins; *et cela* quand il est question
d'exécuter 175 mètres d'ouvrage ; pour en exécuter un
seul, ils y mettront 175 fois moins de temps (rapport
direct), et pour en exécuter 250, ils y mettront 250 fois
plus que pour un seul.

---

522) En supposant que l'on retire du quintal de minerai de plomb
18 k.,48 de métal, on demande combien il faudrait traiter de quintaux de minerai, au prix de 49 fr. 50 les 100 kil., pour faire une
somme de 15000 francs.

523) En donnant 4 coups de scie par bûche, un homme peut réduire en un jour 1 stère,50 de bois de chauffage; on demande le
temps que mettront 3 hommes pour réduire 7 st.,75, à raison de
3 coups de scie par bûche.

524) Un homme, travaillant 7 heures par jour, a mis 8 jours
pour faire 15 mètres d'ouvrage; on demande combien il mettrait de
jours pour en faire 24 mètres, s'il travaillait 9 heures par jour.

525) 3 hommes ont mis 15 jours, en travaillant 8 heures par jour,
pour creuser un puits profond de 9 m.,50; on demande le temps
qu'il faudrait à 5 hommes, qui travailleraient 7 heures par jour,
pour creuser, dans les mêmes conditions de terrain, un puits profond de 18 mètres (vérifier en variant l'inconnue).

526) Combien faut-il de kilogrammes de sucre de raisin pour produire 1 kil. d'alcool à 0,85 degrés, sachant que 100 kil. de sucre de
raisin donnent environ 51 kil. d'alcool pur ?

$$\left\{ \begin{array}{l} \text{Si } 20 \text{ ouv. mettent} \qquad 50 \text{ j.} \\[2mm] 1 \text{ en mett. } 20 \text{ f. plus } \quad 50\times 20 \\[2mm] \text{et } 100 \text{ en mett. } 100 \text{ f. moins } 50\times\dfrac{20}{100} \end{array} \right.$$

$$\left\{ \begin{array}{l} \text{à raison de 8 h.} \\[3mm] \text{et} \quad - \quad 1 \qquad 100 \text{ y mettr. 8 fois plus } \quad 50\times\dfrac{20\times 8}{100} \\[3mm] \text{et} \quad - \quad 9 \qquad 100 \quad - \quad 9 \text{ fois moins } 50\times\dfrac{20}{100}\times\dfrac{8}{9} \end{array} \right.$$

$$\left\{ \begin{array}{l} \text{pour } 175\,\text{m.} \\[3mm] \text{et pour } 1 \qquad\quad - \quad 9 \qquad 100 \quad - \quad 175 \text{ f. moins } 50\times\dfrac{20}{100}\ \dfrac{8}{9\times 175} \\[3mm] - \quad 250 \qquad\quad - \quad 9 \qquad 100 \ - 250 \text{ f. plus } 50\times\dfrac{20}{100}\times\dfrac{8}{9}\times\dfrac{250}{175} \quad (3) \end{array} \right.$$

Nota. — Voir aux notes (533 *bis*), une autre méthode.

---

527) Sachant que pour 1 kil. d'alcool à 0,85 degrés, il faut une quantité de sucre de raisin représentée par $\dfrac{85}{51,4}$, et supposant que 100 kil. de moût de raisin fournissent 8 k.,21 de sucre de raisin, on demande quelle quantité de moût de raisin il faudra pour obtenir 1 kilog. d'alcool à 0,85 degrés.

528) En supposant que la pomme de terre donne en volume 3 pour 1 et qu'il faille 33 hectolitres de semence par hectare, on demande combien il en faudra pour un champ de 65 ares, et quel en sera le rendement.

529) Un marchand a vendu un certain nombre de mètres de drap, sur lesquels il a gagné 325 fr. 15. On sait que son gain est de 4 fr. 50 pour cent, le prix du mètre est de 15 fr. 60 ; on demande combien il a vendu de mètres.

530) La tare d'une marchandise du poids brut de 480 k.,70 étant de 9 pour cent, quel est le prix de cette marchandise à raison de 95 fr. 20 les 50 kilog.? Si on fait une remise de 3 %, quelle sera cette remise, et si on veut gagner 18 %, combien devra-t-on revendre le kilog.?

531) Une maison a été bâtie au prix de 59000 francs, sur un emplacement dont la jouissance n'a été accordée que pour 100 ans. On demande combien elle devra être estimée au bout de 35 ans, en supposant qu'au bout de 100 ans les matériaux conservent une valeur de 15 % et que la perte soit en proportion du nombre des années.

189. Remarque. — I. En appliquant la formule (183) à ce dernier exemple, on aurait eu immédiatement pour la valeur de x : $x = 50 \times \frac{20}{100}$ (rapport inverse), $\times \frac{8}{9}$ (rapport inverse), $\times \frac{250}{175}$ (rapport direct), valeur, au reste, déjà trouvée (3).

II. Dans le calcul, on ne doit jamais négliger les simplifications à faire. Ainsi, dans la dernière valeur de x (3), le rapport $\frac{20}{100}$ peut se diviser *haut et bas* par 20, ce qui donne $\frac{1}{5}$, et le rapport $\frac{250}{175}$ simplifié, devient $\frac{10}{7}$.

---

532) 5 mètres de drap d'une qualité valent autant que 7 mètres d'une seconde, et 9 de celle-ci en valent 11 d'une troisième ; on demande le prix du mètre de la première qualité, sachant que le mètre de la dernière vaut 7 fr. 50.

533) Une fontaine donnant 27 litres en 4 minutes remplit un bassin en 3 heures ; une autre fontaine qui donne 19 litres en 2 minutes le remplira-t-elle en plus ou en moins de temps ?

Autre méthode.

533 *bis*) Quand l'élève sera bien exercé à la méthode (188) que nous venons d'indiquer, il pourra aussi employer la suivante :

Si 20 ouv. pour faire 175$^\mathrm{m}$ en trav$^\mathrm{t}$ 8 h. par jour mettent 50 jours

1	—	175		8	—	mettra 20 fois plus
						50×20
1	—	1	—	8	—	mettra 175 fois moins
						$\frac{50 \times 20}{175}$
1	—	1	—	1	—	mettra 8 fois plus
						$\frac{50 \times 20 \times 8}{175}$
100	—	1	—	1	—	mettront 100 fois moins
						$\frac{50 \times 20 \times 8}{175 \times 100}$
100	—	250	—	1	—	mettront 250 fois plus
						$\frac{50 \times 20 \times 8 \times 250}{175 \times 100}$
100	—	250	—	9	—	mettront 9 fois moins
						$\frac{50 \times 20 \times 8 \times 250}{175 \times 100 \times 9}$

Dix-huitième Leçon.

RÈGLE D'INTÉRÊT.

190. Définitions. — La règle d'intérêt a pour but de faire trouver le *bénéfice* que rapporte une certaine somme d'argent prêté.

Ce bénéfice dépend de trois choses : De la somme prêtée, qu'on appelle *capital ;* du *temps* pour lequel on l'a prêtée et du *taux.*

Le taux est le bénéfice que rapportent 100 francs au bout de l'an.

La loi l'a fixé à 5 pour les prêts ordinaires et à 6 pour les prêts de commerce, c'est-à-dire que par 100 fr. l'on a à percevoir, au bout de l'an, 5 ou 6 fr. en sus des 100 fr., ce que l'on écrit ainsi : 5 %, 6 % (pour cent).

En comparant le capital prêté et son intérêt, qu'on demande, au capital invariable 100 francs et à son intérêt déterminé 5 ou 6, l'on voit que la règle d'intérêt est une règle de trois simple, que l'on résout d'après les mêmes principes.

RÈGLE D'INTÉRÊT.

** *Simplification de la formule* (193).

534) Quel est l'intérêt à 5 % de 1576 francs pour un an (simplifier l'expression et indiquer le procédé pratique le plus court à suivre).

535) Si l'intérêt de la même somme était à 1 %, qu'y aurait-il à faire ?

536) Déduire de là le moyen de trouver l'intérêt d'une certaine somme à $\frac{1}{2}$, $\frac{1}{3}$, $\frac{1}{4}$, et à une fraction quelconque de franc %.

191. Remarques importantes. — I. *Le rapport est direct* : 1° toutes les fois que l'on compare les intérêts aux capitaux. En effet, un capital double, triple, quadruple... doit rapporter un intérêt double, triple, quadruple dans le même temps ; 2° toutes les fois qu'on compare les intérêts au temps. En effet, pour un temps double, triple, quadruple... l'intérêt doit être double, triple, quadruple... le capital restant le même.

II. *Le rapport est inverse*, si on compare les capitaux au temps, l'intérêt restant le même. En effet, pour rapporter le même intérêt, il est évident qu'il faudra un temps 2, 3, 4... fois moindre, si le capital devient 2, 3, 4... fois plus grand.

III. Cela posé, l'on voit que dans les règles d'intérêt, il y a quatre choses à considérer : 1° l'intérêt ; 2° le capital ; 3° le taux ; 4° le temps, et de là quatre sortes de problèmes, suivant que l'on demande l'une ou l'autre de ces quatre choses, les trois autres étant connues.

---

537) Quand le nombre d'années est autre que l'unité 2, 3, 4....... par exemple, est-il plus expédient d'appliquer la formule (193), ou bien de calculer l'intérêt pour 1 an, d'après le procédé pratique dont nous venons de parler et de multiplier ensuite cet intérêt par 2, 3, 4.....?

538) Calculer l'intérêt de la même somme 1576 à 6 °/₀ au bout d'un an. Y a-t-il lieu ici à simplification, le temps étant exprimé en années ?

539) Quel est l'intérêt à 6 °/₀ de 1576 francs au bout de 9 mois ? (Simplifier l'expression et dire à quoi elle se réduit.)

540) Si le taux au lieu d'être 6 était 3, 4, 2 sous-multiples de 12, n'y aurait-il pas lieu à d'autres simplifications ?

541) Quand le taux est 5 °/₀ et que le temps est exprimé en mois, la formule est-elle susceptible d'être simplifiée ? Ne peut-on pas, dans ce cas, prendre des fractions aliquotes de l'intérêt d'un an ?

542) Calculer ainsi l'intérêt de la même somme 1576 francs, à 5 °/₀, au bout de 4, 3, 6, 5, 7, 8, 9 mois ?

543) Quel est l'intérêt à 6 °/₀ de 1576 au bout de 92 jours ? (Que devient dans ce cas la formule, en décomposant convenablement 360 ?)

I.

ON DEMANDE L'INTÉRÊT.

192. Problème. — Quel est l'intérêt à 6 % de 2350 fr. au bout de 3 ans 4 mois?

$$2350^c \qquad x^i \qquad 40^t$$
$$100 \qquad 6 \qquad 12$$

Les colonnes des capitaux, des intérêts, du temps, étant faites (après avoir eu le soin de préparer celle du temps, si cela est nécessaire, comme dans l'exemple précédent, où le tout a été converti en mois), l'on raisonne cette règle comme une règle de trois composée :

Si 100 fr. rapportent 6 fr.

1   rapp.   100 f. moins $\dfrac{6}{100}$

et 2350   —   2350 f. plus $\dfrac{6 \times 2350}{100}$

et cela en 12 mois

et en 1   2350   —   12 f. moins $\dfrac{6 \times 2350}{100 \times 12}$

et en 40   2350   —   40 f. plus $\dfrac{6 \times 2350 \times 40}{100 \times 12}$ (1)

---

544) Quand le nombre de jours est lui-même un multiple ou un sous-multiple d'un des facteurs du diviseur simplifié 100×5 ou 1000×6, n'y a-t-il pas lieu encore à simplification (le taux restant à 6)? Donnez des exemples.

545) Quel serait l'intérêt à 5 % de 1576 francs au bout de 92 jours? (Dire ce que devient dans ce cas le dénominateur de la formule simplifié, ce qu'il deviendrait si le taux était à 4 %?)

193. Formule. — Comme l'expression (1) est indépendante de la valeur des nombres et applicable à tous les cas, l'on voit que, pour avoir l'intérêt, il faut multiplier 6 (taux) par 2350 (capital), et par 40 (temps), lequel, au lieu d'être exprimé en mois, pourrait l'être en jours et en années, et diviser ensuite ce produit par 100, multiplié par l'unité de temps, c'est-à-dire par 12, si le temps est exprimé en mois; par $100 \times 1 = 100$, si le temps est exprimé en années, et par 100×360 si le temps est exprimé en jours (l'année est considérée comme composée de 360 jours). Par conséquent, en représentant le capital par c, le taux par i, le temps par t, la formule deviendra :

$$x = \frac{c\,i\,t}{100} \qquad x = \frac{c\,i\,t}{100 \times 12} \qquad x = \frac{c\,i\,t}{100 \times 360}$$

Le temps étant exprimé   Le temps étant exprimé   Le temps étant exprimé
en années   en mois.   en jours.

II.

ON DEMANDE LE CAPITAL.

194. Problème. — Quel est le capital capable de produire, au bout de 3 ans 4 mois, 470 fr. à 6 %?

$$x^c \qquad 470^i \qquad 40^t$$
$$100 \qquad\quad 6 \qquad\quad 12$$

Problèmes.

546) Calculer les intérêts de 7684 francs au bout de 5 ans 7 mois 25 jours.

547) On demande l'intérêt de 875 fr. au bout de 5 mois 17 jours à 4 1/2 %.

548) On a prêté 7560 francs à 4 1/2 % pour 90 jours; combien devra-t-on recevoir en tout au bout de ce terme?

Prenant d'abord les colonnes des capitaux et des intérêts (rapport direct, 191), puis joignant à celle des
capitaux celle du temps (rapport inverse, 191), l'on
a le tableau suivant :

Si   6 fr. sont les intérêts de   100 fr.

1   sera   —   d'une s. 6 f. moindre $\dfrac{100}{6}$

et 470   seront   —   d'une somme 470 f. p. forte

$$100 \times \dfrac{470}{6}$$

et cela en 12 mois

en 1   470   seront   —   d'une somme 12 f. p. forte

$$100 \times \dfrac{470 \times 12}{6}$$

et en 40   470   seront   —   d'une somme 40 f. moindre

$$100 \times \dfrac{470}{6} \times \dfrac{12}{40} \qquad (2)$$

195. Formule. — En conservant la notation (193), on
voit que, pour avoir le capital, il faut multiplier 100 par
l'intérêt 470 et par l'unité du temps 12, et diviser ce
produit par le taux 6 multiplié par le temps 40 ; ce qui
donne :

$$c = \frac{100\,x}{i\,t}.$$

Le temps étant exprimé en années.

---

549) Un particulier a acheté 315 hectolitres de froment à 19 fr. 75
l'hectolitre, et il veut le revendre de manière à avoir un bénéfice
de 7 fr. 50 °/₀ ; combien doit-il vendre l'hectolitre ?

550) Quelle somme faudrait-il placer à 6 °/₀ pour avoir, au bout
de 5 ans 4 mois, 6575 capital et intérêts réunis (200) ?

551) A quel taux faudrait-il placer 18000 francs pour retirer, au
bout de 14 jours, 35 francs d'intérêt ?

552) En combien de temps 2350 francs, placés à 6 °/₀, donneront-
ils 1540 francs ?

III.

ON DEMANDE LE TAUX.

196. Problème. — A quel taux faut-il placer 2350 fr. pour avoir, au bout de 3 ans 4 mois, 470 fr. d'intérêt ?

$$2350^c \qquad 470^i \qquad 40^t$$
$$100 \qquad x \qquad 12$$

On prend d'abord les colonnes des intérêts et celles des capitaux (rapport direct, 191), puis on joint à celle des intérêts celle du temps (rapport direct, 191), de cette manière :

$$\text{Si } 2350 \text{ fr. rapportent} \qquad\qquad 470 \text{ fr.}$$

$$1 \qquad \text{rapportera } 2350 \text{ fois moins} \quad \frac{470}{2350}$$

$$\text{et } 100 \quad \text{rapporteront } 100 \text{ f. plus } 470 \times \frac{100}{2350}$$

$$\text{et cela en } 40 \text{ mois}$$

$$\text{en } 1 \qquad 100 \quad - \quad 40 \text{ f. m. } 470 \times \frac{100}{2350 \times 40}$$

$$\text{et en } 12 \qquad 100 \quad - \quad 12 \text{ f. p. } 470 \times \frac{100}{2350} \times \frac{12}{40} \qquad (3)$$

---

553) On achète 7 caisses de savon, pesant brut 1135 kilog., la tare est de 17 %; on demande le poids net, et le prix à raison de 42 francs les 100 kilog.

554) Un marchand a acheté 3 pièces d'huile pesant brut 1450 kil., tare 18 %, à raison de 115 francs les 100 kilog. 1° Quel sera le prix de ces trois pièces? 2° à combien s'élèveront les droits à 0 fr.,35 les 100 kilog. poids net ?

555) Si on demande l'intérêt de plusieurs capitaux à 5 %, sachant ce que devient dans ce cas la formule $x = \dfrac{cit}{100}$, indiquer combien il y a de différentes manières de procéder (le temps exprimé en jours étant le même pour tous les capitaux).

197. Formule. —La solution (3) indique que, pour avoir le taux, il faut multiplier l'intérêt 470 par 100 et par l'unité du temps 12, puis diviser ce produit par le capital 2350 multiplié par le temps 40 ; d'où il vient :

$$i = \frac{100\,x}{at}.$$

Le temps étant exprimé en années.

IV.

ON DEMANDE LE TEMPS.

198. Problème.—Combien de temps faudra-t-il laisser 2350 placés à 6 %, pour avoir un intérêt de 470 fr. ?

$$2350^c \qquad 470^i \qquad x^t$$
$$100 \qquad\quad 6 \qquad\quad 12$$

La colonne des capitaux, jointe à celle du temps (rapport inverse, 191), puis celle-ci à la colonne des intérêts (rapport direct), donnent lieu au raisonnement suivant :

---

556) Appliquer ces règles à l'exemple suivant : Quel est, au bout de 108 jours et à 5 %, l'intérêt total des capitaux 3570, 1460, 975, 5872 ?

557) Si le temps n'était pas le même faudrait-il opérer séparément sur chaque capital et faire ensuite la somme des intérêts trouvés ; ou bien y aurait-il encore une autre manière de procéder, et laquelle ?

558) Comme application, soit proposé de trouver à 5 % les intérêts réunis des capitaux suivants : de 1832, au bout de 45 jours ; de 735, au bout de 90 jours ; de 2050, au bout de 54 jours.

559) Que vaut actuellement une créance de 5675, payable dans 7 mois 14 jours, déduction faite de l'intérêt à 6 % ? (*V*. Remarque II).

560) L'on a un billet de 1525 francs, qui n'est payable que dans 9 mois 5 jours ; on voudrait connaître sa valeur actuelle, déduction faite de l'intérêt à 6 % ?

Si 100 fr. demand. pour prod. un certain intérêt 12 m.

1   demandera 100 f. pl. 12×100

et cela pour produire 6 fr. — et 2350   —   2350 f. m. $12 \times \dfrac{100}{2350}$

et — 1   2350   —   6 fois moins $12 \times \dfrac{100}{2350 \times 6}$

et — 470   2350   —   470 f. pl. $12 \times \dfrac{100}{2350} \times \dfrac{470}{6}$ (4)

199. Formule. — Par où l'on voit que, pour avoir le temps, il faut multiplier l'unité du temps 12, d'abord par 100, puis par l'intérêt 470, et diviser ce produit par le capital 2350 multiplié par le taux 6, ce qui donne :

$$t = \frac{100\,x}{ai}.$$

Le temps étant exprimé en années.

200. Remarque. — I. Dans les colonnes précédentes, on remplace 12 par 1 ou par 360, suivant que le temps est exprimé en années ou en jours.

II. Si dans la colonne des capitaux (c), le capital donné, 2350 par exemple, était joint aux intérêts, ce qui

---

561) Une personne, travaillant 8 h. $1/_2$ par jour, a fait, après 85 jours, un certain bénéfice qu'elle a placé dans le commerce ; en supposant qu'elle ait perdu 4 $1/_2$ $^0/_0$ sur ses marchandises et qu'elle ait pu, avec les $2/_3$ du prix de cette vente, acheter un terrain de 740 m. q.,35, à raison de 4500 francs l'hectare ; on demande ce qu'elle a gagné par heure.

562) Une compagnie paie à ses actionnaires un dividende de 256800 francs, égal aux $\dfrac{4}{100}$ du capital versé ; de plus, elle leur paie l'intérêt de ce capital à 6 $^0/_0$; dire quelles ont été ses recettes, sachant qu'elle a dépensé 827200 francs et qu'il lui reste encore 157620 francs.

donnerait 3120, il faudrait également, pour le nombre 100, qui est dans la même colonne, joindre ce capital aux intérêts correspondants, ce qui donnerait 120 (20 fr. étant les intérêts de 100 fr. à 6 % au bout de 3 ans 4 mois). Puis, pour seconde colonne, on prendrait 100 et x, ou bien 20 et x, suivant qu'on voudrait trouver directement le capital primitif ou bien les intérêts, et les trois colonnes seraient réduites à deux. Ainsi, pour la question suivante :

Quelle somme faudrait-il placer à 6 % pour avoir, au bout de 3 ans 4 mois, 3120, capital et intérêts réunis ?

Les colonnes se présenteraient de la manière suivante :

$$
\begin{array}{cc} \qquad \text{ou bien} \qquad & \\ 3120 \quad x & 3120 \quad x' \\ 120 \quad 100 & 120 \quad 20 \end{array}
$$

d'où $\quad x = \dfrac{3120 \times 100}{120} = 2600$, capital primitif,

et $\quad x' = \dfrac{3120 \times 20}{120} = 520$, intérêts.

---

563) La récolte annuelle d'une ferme s'est composée de 75 h.,5 déc. de blé, de 23 h.,7 lit. d'orge, de 18 hect. d'avoine ; plus, de 54 tonneaux de vin, contenant chacun 2 h.,28 litres, et de 6 fûts de cidre contenant chacun 120 litres. Le fermier a vendu le blé 3 fr. 75 le double décalitre, 0 fr. 85 le décalitre d'orge, 5 fr. 80 l'hectol. avoine, le vin à 45 francs le tonneau, le cidre à 6 fr. 50 l'hect. On demande : 1° la recette pour chaque produit séparé et en tout ; 2° le bénéfice, sachant qu'il a payé les $2/3$ de sa recette pour le prix de ferme et autres dépenses ; 3° combien il pourra acheter de décam. carrés à 2,50 le centiare ; 4° quel intérêt il pourra se procurer en plaçant le reste à la caisse d'épargne à 4 %.

Dix-neuvième Leçon.

** ÉCHÉANCE MOYENNE.

201. Définition. — « On appelle échéance l'époque où doit se payer un effet. Or, il arrive souvent dans le commerce, qu'ayant plusieurs effets à échéances diverses à payer, on voudrait les payer tous à la fois, et le temps où doit se faire ce paiement unique est ce qu'on appelle *échéance moyenne*, ainsi désignée parce qu'elle tient le milieu entre les échéances les plus avancées et les plus retardées, proportion gardée de la valeur des effets.

» **202. Première règle.** — On calcule le temps compris entre la première échéance et chacune des autres, et l'on écrit ce temps exprimé en mois ou en jours, vis-à-vis de chaque valeur correspondante ; puis on multiplie la valeur par le temps (ce qu'on appelle, en style de commerce, faire le nombre) ; on additionne les produits résultants (dits *nombres*), et on divise cette somme par la somme des valeurs.

» *Exemple* : Soit les cinq billets suivants qu'on voudrait acquitter en un seul.

456 fr.	payables le	2 août		0 j.	0
685	—	15 août	du 2 au 15	13	685×13= 8905
1200	—	3 7bre	du 2 au 3	32	1200×32=38400
812	—	24 —	du 2 au 24	53	812×53=43036
780	—	5 8bre	du 2 au 5	64	780×64=49920
3933					140261

$$\frac{140261}{3933} = 35\,\text{j. } 6 = 36\,\text{j.}$$

» C'est donc 36 jours après le 2 août, c'est-à-dire le 7 septembre, que devra se payer la valeur totale des billets 3933.

» **Démonstration.** — En effet, 685 dans 13 jours produiront autant qu'une somme 13 fois plus forte $= 8905$ dans 1 jour; de même 1200 fr. dans 32 jours produiront autant qu'une somme 32 fois plus forte $= 38400$ dans 1 seul jour, ainsi des autres. Il y a donc parfaite équivalence entre ce que produiront 140261 fr. dans un jour et ce que doit produire la somme des valeurs 3933 dans x jours :

$$140261 \times 1 = 3933 \times x$$

Connaissant un produit 140261 et l'un de ses facteurs 3933, la division fera connaître l'autre qui est précisément le nombre de jours cherché.

203. Remarque. — « Au lieu de prendre pour point de départ (pour *époque*) la première échéance, on aurait pu prendre la dernière, les calculs auraient été les mêmes; seulement, au lieu de porter le résultat après l'époque, on devrait le porter avant, et l'échéance moyenne ne changerait pas.

204. Deuxième règle. — « Le plus souvent, quand on doit à un banquier ou à une maison de commerce, un effet payable à jour fixe, il arrive qu'on a donné, par anticipation et à différentes époques, des *à-comptes*, et l'on demande quelle devra être l'échéance de ce qui reste

---

Problèmes sur l'échéance moyenne.

564) Trouver l'échéance moyenne des effets suivants : 1° de 4300, payables le 1er novembre; de 2150, payables le 18 novembre; de 1780, payables le 24 novembre; de 2175, payables le 5 décembre; 2° de 1500, payables dans 5 mois : de 2500, payables dans 7 mois ; de 3400, payables dans 9 mois.

565) Donner l'échéance moyenne des billets de l'exemple (202), en prenant pour point de départ ou pour époque la dernière échéance.

à payer, échéance calculée de telle sorte que les intérêts soient compensés.

» Dans ce cas, on trouve ce qui reste à payer, en retranchant la somme des valeurs acquittées de la valeur totale, et on trouve l'échéance de ce dernier paiement en *faisant le nombre* de la valeur totale et en retranchant de ce nombre la somme des *nombres faits* des valeurs payées; puis on divise la différence par la valeur elle-même qui reste à acquitter, ce qui donne l'échéance cherchée.

» *Exemple :* Sur un effet de 2350, payable le 1er septembre, on a donné :

```
1200 fr.    le   2 août
 315 —      le 15 —     du 2 au 15      13 j.   315×13=4095
 220 —      le 25 —     du 2 au 25      23      220×23=5060
 150 —      le  5 7bre  du 2 au  5 7bre 34      150×34=5100
 ‾‾‾‾‾
1885                    Nombre des valeurs payées...  14255
 465
 ‾‾‾‾‾
2350 n. total.   1er 7bre du 2 au 1er 7bre   29 j.   2350×29=68150
```

$$\text{Différence des valeurs.} \quad \frac{2350}{1885} \qquad\qquad \frac{68150}{14255}$$

$$\text{Reste à payer.} \quad 465 \qquad \text{Différence des nombres.} \quad 53895$$

$$\frac{53895}{465} = \frac{17965}{155} = \frac{3593}{31} = 115, 8 = 116 \text{ j.}$$

» Ce sera donc à 116 jours à partir du 2 août, c'est-à-dire le 26 novembre qu'il faudra solder le reste dû, 465 francs.

---

566) Un commerçant a un effet de 5600 francs à acquitter le 1er février, et pour se libérer il fournit plusieurs lettres de change dont l'une, de 2350 francs, est payable le 5 novembre; l'autre, de 1500 francs, est payable le 20 novembre, et la dernière, de 1800 francs, est payable le 15 janvier. On demande ce qu'il doit et quand il devra le payer, compensation faite des intérêts.

» **Démonstration.** — En effet, l'on doit avoir égalité entre *le nombre total* et la somme des *nombres* acquittés, jointe au nombre qui reste à payer.

$$68150 = 14255 + 465 \times x$$

d'où

$$68150 - 14255 \quad \text{ou} \quad 53895 = 465 \times x$$

Ce qui conduira, en raisonnant comme précédemment (202), à diviser 53895 par 465.

SUR LES RENTES.

205. Définition. — Il arrive souvent à l'Etat d'emprunter, comme il l'a fait pour la guerre d'Italie et celle de Crimée ; mais ces emprunts ne se font pas dans les mêmes conditions que ceux des particuliers. Ceux-ci s'engagent à rembourser la somme prêtée, au bout d'un certain temps. L'Etat ne s'engage qu'à payer le revenu à un certain taux qu'on appelle la *rente*.

Il y a trois sortes de rentes : le $4\frac{1}{2}$, autrefois le 5 (avant sa conversion opérée en 1852), le 3 et le 4.

Cependant, comme les particuliers qui ont prêté à l'Etat pourraient avoir besoin de rentrer dans leurs fonds, pour leur donner cette facilité, il a été créé à Paris un établissement appelé la Bourse où, par l'intermédiaire

---

567) Sur 2 billets de 6000 francs : l'un de 2500, payable le 5 mai, l'autre de 3500, payable le 15 juin, on a donné en à-compte le 1er mars 1950 francs, le 5 avril 2860 francs. On demande à quelle époque on devra payer le reste.

568) Un marchand, ayant un billet de 2500 francs, payables dans 10 mois, voudrait le remp'acer par 2 autres qu'il payerait de 6 mois en 6 mois ; on demande quel sera le montant de chaque billet.

d'agents *commissionnés,* il est loisible à un chacun de vendre *les titres de rente* dont il serait le possesseur.

La valeur de ces titres n'est pas la même en tout temps; elle dépend du *cours de la rente,* lui-même soumis aux événements politiques. Ainsi, le 4 ½ qui, avant la conclusion de la paix, était à 90 francs, est aujourd'hui à 96, et le 3 qui était à 60 est aujourd'hui à 68, c'est-à-dire que s'il fallait donner alors 90 francs ou 60 francs pour avoir une rente de 4 ½ ou de 3 francs, aujourd'hui il faudrait donner, pour avoir les mêmes rentes, 96 ou 68 francs.

On dit qu'on a vendu sa rente *au pair,* quand on en a retiré ce qu'elle avait coûté, et qu'on l'a vendue *au-dessus* ou *au-dessous* du pair, si on en a retiré plus ou moins.

L'Etat paie les rentes du 4 ½ par égale moitié le 22 mars et le 22 septembre, et celle du 3 également par parties égales le 22 juin et le 22 décembre.

206. Premier problème. — Le cours de la rente 4 ½ étant à 96 francs 15, on demande à quel taux on place son argent en achetant de ce cours ?

Raisonnement :

Si   96ᶠ,15   produisent   4,50

    1   produira 96,15 fois moins $\dfrac{4,50}{96,15}$

et   100   produir*. 100 f. p. $\dfrac{4,50\times100}{96,15}=\dfrac{225}{48,75}=4$

Problèmes sur les rentes 3 %.

569) Quel capital représente une rente de 250 francs, au cours de 69,50? Si le cours descend à 67,25, que perdra-t-on à vendre alors sa rente ?

570) Si on veut échanger cette même rente, qui est de 3, contre une rente égale de 4 1/2, quelle sera la différence du capital à débourser, le cours du 4 1/2 étant de 95,05 ?

Formule. — Par où l'on voit que pour connaître le taux du placement quand on achète des rentes, il n'y a qu'à multiplier $(4\frac{1}{2})$, (3), (4) suivant qu'on achète de l'une ou de l'autre, par 100 et à diviser le produit par le cours de la rente.

207. Deuxième problème. — Un titre de rente $4\frac{1}{2}$ produisant 50 francs par an a coûté 1045 francs; on demande quel était le cours de la rente?

Raisonnement :

Si 50^f de rente supposent un capital de   1045

    1   —   supposera   —   50 fois moindre $\dfrac{1045}{50}$

et 4,50 —   supposeront —   4,50 fois plus fort

$$\frac{1045\times 4,50}{50}=94$$

Donc le cours était à 94 francs.

208. Troisième problème. — On veut acheter pour 2500 francs de rente $4\frac{1}{2}$ au cours de 95 francs 25; on demande quelle somme on devra y affecter?

Raisonnement :

Si   4^f,50 de rente demandent   95,25

    1   —   demandera 4,50 fois moins $\dfrac{95,25}{4,50}$

et 2500   —   demanderont 2500 fois plus

$$\frac{95,25\times 2500}{4,50}=52918,88$$

---

571) Quel serait l'intérêt réel du capital de cette même rente 250 francs, en la supposant d'abord au 3, cours 67,25, et ensuite au $4\frac{1}{2}$, cours 95,05?

572) Le cours du $4\frac{1}{2}$ étant à 96,50 et celui du 3 à 68,75, lequel est le plus avantageux d'acheter des rentes $4\frac{1}{2}$ ou des rentes 3 %?

209. Quatrième problème. — La question inverse est celle-ci :

On a un capital de 52919 francs dont on veut acheter des rentes $4\frac{1}{2}$ au cours de 95 francs 25; on demande combien on en aura?

Si 95^f,25 donnent une rente de 4,50

1 donnera — 95,25 fois moindre $\dfrac{4,50}{95,25}$

et 52919 donneront — 52919 fois plus forte

$$\frac{4,50 \times 52919}{95,25} = 2500,11$$

Ainsi l'on trouverait 2500,11 au lieu de 2500 parce qu'en forçant le chiffre des unités dans 52918,88, nous avons commis une erreur comprise entre 0,1 et 0,2, erreur moindre que un demi dixième, comme nous le savions d'avance.

---

573) Une personne ayant pris un coupon de rente $4\frac{1}{2}$ de 10 fr., lors de l'emprunt fait par l'État, au cours de 92,50, aux conditions de verser $1/_{10}$ de la somme totale lors de la souscription, et le $1/_{15}$ du surplus les 15 mois suivants; on demande combien elle devra verser pour le premier paiement et pour chacun des 15 autres.

574) Le bénéfice résultant de l'anticipation des intérêts et de la différence de 92,50 avec le cours actuel, ayant été estimé de 3 fr. 30, dire le bénéfice total réalisé par cette personne pour le même coupon de 10 francs.

575) A combien revient le $4\frac{1}{2}$ estimé au cours de 90 francs lors de l'emprunt national 1859, si l'on paie en entier au 15 mai de la même année le coupon de rente de 10 francs qu'on achète, sachant que la jouissance de la rente compte à partir du 22 mars, la remise ou l'escompte fait par le Trésor étant de 4 %?

Vingtième Leçon.

INTÉRÊT COMPOSÉ.

210. Définition. — Quand les intérêts échus au bout de l'an se joignent au capital pour porter eux-mêmes intérêt l'année suivante, les intérêts sont dits alors *composés*.

211. *Exemple.* — Que rapporteraient 2500 francs à intérêts composés, au bout de 3 ans à 5 °/o?

Raisonnement. — On pourrait résoudre cette règle comme une règle d'intérêt simple de la manière suivante :

1er capital placé.	2500
Intérêts de la 1re année. . . .	125
2e capital.	2625
Intérêts de la 2e année. . . .	131,25
3e capital.	2756,25
Intérêts de la 3e année. . . .	137,81
	2894,06

Problèmes sur l'intérêt composé.

576) Que deviennent 3580 francs au bout de 5 ans, à intérêt composé, le taux étant de 6 °/o?

577) Que rapportent 1850 francs à intérêts composés à 4 °/o au bout de 3 ans 7 mois?

578) Un père de famille place tous les ans, 1er janvier, à intérêts composés et à 5 °/o, la somme de 750 francs ; on demande ce qu'il aura au bout de 10 ans.

AUTRE MÉTHODE.

Si 100 francs, au bout de l'an, deviennent   105

1 — — deviendra $\frac{105}{100} = 1,05$.

et au bout de 2 ans,

1 franc deviendra $\frac{105}{100}$ de $\frac{105}{100} = (\frac{105}{100})^2 = (1,05)^2$

et au bout de 3 ans,

1 franc deviendra $(\frac{105}{100})^2$ de $\frac{105}{100} = (\frac{105}{100})^3 = 1,157625$

et 2500 — deviendront 2500 fois plus grands

$$1,157625 \times 25000 = 2894,06$$

même résultat que précédemment. En retranchant de cette somme la somme primitive, on aurait les intérêts composés 394 francs 06, alors que les intérêts simples seraient 375.

Vérifiant, on verrait que la différence

$$394,06 - 375 = 19,06$$

représente les intérêts de 375.

---

579) On demande quel est le capital qui, au bout de 7 ans, placé à 5 % et à intérêts composés, est devenu 2894,06.

580) Une personne place dans le commerce la somme de 800 fr. qui lui rapporte bon an mal an 25 %; on demande ce qu'elle aura à retirer au bout de 6 ans.

581) Pour 5 versements de 500 fr. chacun, faits au 1er jour de l'an, au taux de 4 1/2 %, que devra-t-on recevoir au bout de ce temps à intérêts composés ? (1re méth.).

Problèmes divers.

582) On connaît le poids net d'une certaine marchandise qui est de 375 kil., et l'on sait que la tare a été estimée à raison de 12 1/2 %; on désire savoir quel était le poids brut de cette marchandise.

583) La tare d'un envoi de 715 kil. de marchandises s'est portée à 65 kil.; on désirerait savoir à combien se porte cette tare pour cent.

584) On a acheté 4 balles de riz au prix net de 58 fr. 50 les 100 kil., la tare étant de 1/9 du poids total et la balle pesant en moyenne 140 kil.; on désire connaître le prix d'achat.

9

212. *Deuxième exemple.* — Calculer ce que rapporterait dans 3 ans 4 mois, à intérêt composé et à 5 %, 2500 francs de capital ?

Raisonnement. — On trouverait, comme dans l'exemple précédent, que 1 franc au bout de 3 ans devient $\left(\frac{105}{100}\right)^3$. Il n'y a donc plus qu'à chercher ce qu'il deviendrait au bout de 4 mois.

Or, si 100^f, au bout de 12 mois, rapportent   5

     100   —   1   —   12 fois moins $\frac{5}{12}$

     100   —   4   —   4 f. plus $5 \times \frac{4}{12} = \frac{5}{3}$

et   1   —   4 mois, rapportera 100 fois moins

$$\frac{5}{3} : 100 = \frac{5}{300}$$

et, par suite,

     1^f —   4 mois, deviendra $1 + \frac{5}{300} = \frac{305}{300}$

donc 1^f, au b. de 3 ans 4 m., deviendra $\left(\frac{105}{100}\right)^3 \times \frac{305}{300}$

et enfin,

2500^f, au b. de 3^a 4 m., dev^t $\left(\frac{105}{100}\right)^3 \times \frac{305}{300} \times 2500 = 2924,74$

---

585) Un propriétaire a assuré une valeur de 3000 francs de vignes à raison de 0 fr.,60 %; on demande ce que devra donner le propriétaire à la compagnie, en d'autres termes, quelle sera la *prime d'assurance ?*

586) On a payé 48 fr. 75 pour la prime d'assurance d'une maison, assurée à raison de 0 fr.,90 par mille ; on demande à combien on a estimé la maison.

587) En supposant que la prime d'assurance d'une maison, estimée à 54166 fr.,66, se soit portée à 48 fr.,75, dire quel était le taux de la prime.

588) Un bâtiment, portant pour 3500000 francs de marchandises, a éprouvé des avaries pour 175000 francs ; la compagnie d'assurances perd 55000 francs ; on demande quel était le taux de la prime d'assurance.

589) On demande : 1° Quelles sont les avaries de ce bâtiment, dont la cargaison est estimée à 3500000 francs, en supposant qu'on ait assuré à 3 fr.,43 % et que la compagnie ait perdu 55000 francs.

590) 2° Quel est le prix de la cargaison, en supposant le taux à 3 fr.,43 et en supposant que les avaries se portent à 175000 francs et que la compagnie perde 55000 francs ?

591) 3° Ce que perd la compagnie, en supposant le taux à 3 fr.,43, la cargaison à 3500000 et les avaries à 175000.

RÈGLE D'ESCOMPTE.

213. Définition. — Les billets de commerce ne portent pas seulement la somme prêtée ; ils portent cette somme augmentée des intérêts qu'elle doit produire, au taux et pour le temps convenus. Ainsi, si l'on prête 1000 francs à 5 °/o pour un an, on mettra sur le billet qu'il a été prêté 1050 francs payables dans un an.

Si donc il arrivait qu'on se présentât chez un banquier 6 mois avant l'échéance pour négocier ce billet, l'on ne devrait pas recevoir 1050 francs, puisqu'il n'y a encore que la moitié des intérêts échus, mais seulement 1025 fr. Or, *cette retenue que fait le banquier sur un billet payé avant son échéance est précisément ce qu'on appelle l'escompte.*

214. Deux escomptes. — Il y a deux sortes d'escompte : l'un, rationnel et juste, consisterait à calculer les intérêts de la somme réellement prêtée, et à déduire ensuite ces intérêts ; c'est l'*escompte en dedans.* Ainsi, dans l'exemple précédent on devrait calculer pour 6 mois les intérêts des 1000 francs prêtés, ce qui donne 25 francs, et déduire ensuite ces 25 francs de 1050 francs.

Mais ce n'est pas l'escompte suivi dans le commerce. Dans celui-ci *(escompte en dehors)*, on calcule les intérêts

---

ESCOMPTE EN DEHORS.

Problèmes.

592) On se présente le 9 août pour faire escompter un effet de 1570 francs, payable le 5 octobre 6 °/o ; que devra retenir le banquier ?

593) On a deux effets : l'un de 1280 francs, payable dans 3 mois ; l'autre de 1450 francs, payable dans 5 mois ; si on les paye comptant, on a un escompte de 4 °/o ; que gagnera-t-on à payer actuellement ?

non de la somme réellement prêtée, mais de la somme portée sur le billet, c'est-à-dire de 1050 francs, ce qui donne 26 fr. 25 ; en sorte que le possesseur du billet, au lieu de recevoir 1025 francs, ne recevra que 1023 fr. 75.

Il y a donc cette différence entre les deux escomptes que dans l'escompte en dedans on ne calcule que les intérêts de la somme prêtée de 1000 francs, tandis que dans l'escompte en dehors on calcule les intérêts de la somme prêtée de 1000 francs plus les intérêts des intérêts, c'est-à-dire des 50 francs qui n'ont pas été prêtés et qui ne sont point encore dûs, du moins en totalité.

ESCOMPTE EN DEHORS.

215. Règle. *Puisque dans l'escompte en dehors on prend pour capital la somme portée sur le billet, et qu'on calcule les intérêts, que produirait cette somme ; la règle d'escompte n'est autre chose qu'une règle d'intérêt, et la formule* $x = \dfrac{cit}{100}$ *suffit pour tous les cas où l'on demande l'escompte.*

---

594) On a acheté pour 752 fr.,75 de marchandises, payables dans 3 mois 8 jours ; si l'on paye immédiatement, l'on obtiendra un escompte de 6 fr.,75 %; qu'aura-t-on à donner ?

595) Un billet de 752 fr.,75 n'a été payé par le banquier que 716 fr.,06 ; le billet étant payable dans 3 mois 8 jours, à quel taux a-t-il été escompté ?

596) Sur un effet de 752,75, le banquier a retenu 36 fr.,69, l'escompte étant à 6,75 %; on demande le temps de l'échéance.

597) Un négociant achète en fabrique pour 23500 francs de drap, il fait un effet payable dans 1 an 3 mois 14 jours, à raison de $^3/_4$ % par mois d'intérêt; on demande quel devra être le montant du billet.

598) Un marchand achète pour 3575 francs de marchandises, payables dans 3 mois ; on demande le prix d'achat réel.

599) Bientôt après, il revend la même marchandise 3900 francs, payables dans 2 mois, et l'on demande quel est son bénéfice.

Si l'on demandait le *taux d'escompte,* le *montant du billet,* c'est-à-dire la somme portée sur le billet, les formules relatives au taux d'intérêt (197), au capital (195), suffiraient également.

ESCOMPTE EN DEDANS.

216. Problème. — Quel est l'escompte en dedans d'un billet de 950 francs payable dans 42 jours à 6 %?

La question revient à celle-ci : Quelle est la somme qui, placée à 6 % pendant 42 jours, devient 950 francs capital et intérêts réunis?

Raisonnement. — Avant de poser les colonnes, on doit *préparer les nombres,* c'est-à-dire chercher ce que rapportent 100 francs au bout du temps donné, au bout de 42 jours, ce que l'on fait de la manière suivante :

Si, au bout de 360 j., 100^f rapportent   6

   —   1   rapportera 360 fois moins $\frac{6}{360}$

et   —   42   rapp^t. 42 f. p. $\frac{6\times42}{360} = \frac{7}{10} = 0^f,70$

ESCOMPTE EN DEDANS.

Problèmes

600) Quelle est la *valeur actuelle* d'un billet de 4250 francs, payable dans 3 ans 7 mois, l'escompte étant de 6 %?

601) Quelle est la retenue que doit subir ce même billet de 4250 francs, payable dans 3 ans 7 mois, à raison de 6 % d'escompte?

602) On a fait escompter à 5 1/2 % un billet, payable dans 9 mois 8 jours, pour lequel on a reçu 750 francs. On demande quel était le montant de ce billet.

603) Un billet de 492 fr.,56, payable dans 72 jours, a subi un escompte en dedans de 5 fr.,60; on demande quel a été le taux de l'escompte.

604) On a un effet de 2000 francs à payer, dont on voudrait se libérer en 3 paiements égaux, payables, le premier dans 3 mois, le deuxième dans 5 mois, le troisième dans 7 mois; quel sera le montant de chaque billet, l'escompte étant à 6 %?

Cela fait, on pose les colonnes :

$$950 \qquad\qquad x$$
$$100,70 \qquad\qquad 0^f,70$$

et l'on dit :

Si pour 100,70, l'on doit faire une retenue de $0^f,70$

      —   1   —   100,70 fois moindre

$$\frac{0,70}{100,70}$$

et pour   950   —   950 fois plus forte

$$\frac{0,70 \times 950}{100,70} = 6^f,60$$

217. Formule. — Par où l'on voit que, pour avoir l'escompte en dedans, il faut multiplier le montant du billet par l'intérêt de 100 francs correspondant au temps donné, et diviser ce produit par 100 augmenté du même intérêt.

$$x = \frac{c \times i t}{100 + i t} \ .$$

218. Remarques. — I. En retranchant l'escompte 6,60 du montant du billet 950, l'on aurait sa valeur actuelle. On pourrait, au reste, la trouver directement en posant les colonnes de la manière suivante :

$$950 \qquad\qquad x$$
$$100,70 \qquad\qquad 100$$

---

605) Un banquier négocie, dans le courant de l'année, pour 1800000 francs de valeurs, à une échéance moyenne de 6 mois et à 6 % ; on demande quelles seront, d'après les deux manières d'escompter : 1° la différence des sommes payées ; 2° la différence des deux escomptes.

606) Un marchand reçoit 3 barriques de sucre, pesant 75 kilog. chacune : il doit les payer à raison de 155 francs les 100 kil. poids net, la tare étant de 14 % ; on demande ce que devra donner le marchand.

II. La différence entre l'escompte en dedans 6,60 et l'escompte en dehors 6,65, fournie par la formule $x = \dfrac{cit}{100}$ n'est autre chose que l'intérêt de ce même intérêt 6,60 au bout de 42 jours, comme il serait facile de s'en assurer.

Vingt-unième Leçon.

RÈGLE DE PARTAGE ET DE SOCIÉTÉ.

219. Définition. —La règle de partage a pour but de partager un nombre en parties qui soient entr'elles comme des nombres donnés.

Problèmes sur la règle de partage et de société.

607) Partager 5645 francs en 4 parties qui soient entre elles, comme les nombres 5, 7, 11, 21.

608) On propose de partager le nombre 250 en 3 parties qui soient entre elles comme les fractions $\dfrac{5}{4}$, $\dfrac{3}{4}$, $\dfrac{7}{9}$.

609) Partager une gratification de 400 francs entre 3 employés de manière que la part du premier soit à celle du deuxième comme 5 est à 7, et que celle du deuxième soit à celle du troisième comme 8 est à 15.

610) On a une somme de 150 francs, à répartir entre 2 ouvriers, pour un ouvrage auquel le premier a travaillé pendant 11 jours et 9 heures par jour, et le second pendant 15 jours, 7 heures par jour ; quelle sera la part de chaque ouvrier ?

220. 1er problème. — Partager 850 en 3 parties qui soient entr'elles comme les nombres 3, 5, 7.

Raisonnement. — Si le nombre à partager était

$$3 + 5 + 7 = 15.$$

pour	15	la 1re part serait		3
—	—	la 2e	—	5
—	—	la 3e	—	7
—	1	la 1re	—	$\frac{3}{15}$
—	—	la 2e	—	$\frac{5}{15}$
—	—	la 3e	—	$\frac{7}{15}$
et pour	850	la 1re part sera		$\frac{850}{15} \times 3$
—	—	la 2e	—	$\frac{850}{15} \times 5$
—	—	la 3e	—	$\frac{850}{15} \times 7$

221. Vérification. — Pour vérifier, on n'a qu'à faire les calculs et à ajouter la somme des parts, ce qui devrait donner 850. Mais il est mieux de remarquer que, si l'on met $\frac{850}{15}$ en facteur commun dans la somme des parts, l'on aura :

$$\frac{850}{15}\,(3+5+7) = \frac{850 \times 15}{15} = 850.$$

222. Formule. — L'on voit en même temps que, pour trouver les parts, la règle consiste à multiplier chaque nombre par le rapport constant de la somme à partager à la somme des nombres.

---

611) Deux entrepreneurs ont exécuté un ouvrage en commun : le premier y a employé 17 ouvriers travaillant 9 heures par jour pendant 11 jours ; le deuxième, 9 ouvriers travaillant 10 heures par jour pendant 18 jours ; on demande quelle sera la part de chaque entrepreneur dans un mandat de 2500 francs qu'ils ont à se partager.

612) Une société industrielle ayant émis 1500 actions de 500 fr. chacune, si le dividende à partager au bout de l'an est de 60000, on demande quelles seront les parts de 3 actionnaires, dont le premier a pris 18 actions, le deuxième 13 et le troisième 45.

223. 2ᵉ problème. — Partager 1200 en 4 parties qui soient entr'elles comme les fractions $\frac{2}{3}$, $\frac{3}{4}$, $\frac{4}{5}$, $\frac{5}{6}$.

Raisonnement. — Si l'on réduit les fractions données au même dénominateur, on pourra les remplacer par leurs équivalents $\frac{40}{60}$, $\frac{45}{60}$, $\frac{48}{60}$, $\frac{50}{60}$, et, par suite, la question est ramenée à partager le nombre 1200 en 4 parties qui soient entr'elles comme les nombres 40, 45, 48 et 50, question que l'on résoudrait comme dans le cas précédent et à l'aide de la même formule ; donc :

$$1^{\text{re}} \text{ part } = \frac{1200}{183} \times 40 \qquad 2^{\text{e}} \text{ part } = \frac{1200}{183} \times 45$$

$$3^{\text{e}} \text{ part } = \frac{1200}{183} \times 48 \qquad 4^{\text{e}} \text{ part } = \frac{1200}{183} \times 50$$

224. 3ᵉ problème — Partager 450 en 3 parties, de manière que la 1ʳᵉ soit à la 2ᵉ comme 4 est à 5, et que la 1ʳᵉ soit à la 3ᵉ comme 7 est à 9.

Raisonnement. — En représentant la 1ʳᵉ part par 1, la 2ᵉ sera les $\frac{5}{4}$ de la 1ʳᵉ et la 3ᵉ en sera les $\frac{9}{7}$; le problème est donc ramené à partager 450 en 3 parties qui soient entr'elles comme les nombres 1, $\frac{5}{4}$, $\frac{9}{7}$, ou plutôt en réduisant au même dénominateur comme les nombres $\frac{18}{28}$, $\frac{35}{28}$, $\frac{36}{28}$, et enfin comme les nombres 28, 35, 36, ce qui, d'après la formule, donne pour les 3 parts :

$$1^{\text{re}} \text{ part } = \frac{450}{99} \times 28 \qquad 2^{\text{e}} \text{ part } = \frac{450}{99} \times 35$$

$$3^{\text{e}} \text{ part } = \frac{450}{99} \times 36$$

---

613) Partager 3450 francs entre 3 personnes, de manière que la part de la seconde soit les $^3/_7$ de la part de la première, et que la part de la troisième soit les $^8/_5$ de la part de la seconde.

614) Trois capitalistes ont mis en commun : le premier 3500 francs, le deuxième 7420, le troisième 5600 ; ils ont à se partager un bénéfice de 1850 francs, on demande quelle sera la part de chacun d'eux.

RÈGLE DE SOCIÉTÉ.

225. Définition. — Souvent pour l'exploitation d'une industrie ou pour l'exécution d'une entreprise, plusieurs personnes mettent leurs fonds en commun, afin de pouvoir mener à bonne fin, toutes réunies, des travaux qu'une seule n'oserait ou ne pourrait entreprendre.

Alors quand la société est dissoute, la justice demande que les gains ou les pertes soient répartis entre les différents sociétaires, en proportion de la mise que chacun a apportée si le temps est le même (objet de la règle de société simple), ou bien de la mise combinée avec le temps, si le temps est différent (objet de la règle de société composée). Au reste, ces deux règles ne sont autre chose que des règles de partage.

RÈGLE DE SOCIÉTÉ SIMPLE.

226. Problème. — Trois personnes ont fait un fonds commun dans lequel la seconde a mis le double de la première, et la troisième autant que les deux autres réunies; on demande quel sera le gain de chaque sociétaire,

---

615) Dans une société, 3 personnes ont apporté : la première 2550 francs pendant 7 mois, la deuxième 1575 francs pendant 9 mois, la troisième 2840 francs pendant 5 mois; on demande quelle sera la part de chaque sociétaire dans un bénéfice de 860 francs.

616) Deux négociants se chargent d'une entreprise pour laquelle le premier avance une somme de 3650 francs ; 5 mois plus tard le second verse 2500, et à cette époque le premier retire 1000 francs, lesquels sont remplacés par 1200 francs que le second ajoute 2 mois encore plus tard ; en supposant que l'entreprise dure 18 mois et que la perte à subir soit de 1500 francs, on demande quelle sera la part proportionnelle de chaque négociant.

en supposant qu'ils aient 1000 fr. de bénéfice à se partager ?

Raisonnement :

$$\text{La part de la } 1^{re} \text{ étant} \quad 1$$
$$\text{Celle de la } 2^e \text{ sera} \qquad 2$$
$$\text{Celle de la } 3^e \qquad\qquad 3$$

Tout consiste donc à partager 1000 fr. en 3 parties qui
soient entr'elles comme les nombres 1, 2 et 3 ; ce qui,
d'après la formule, donne pour les 3 parts :

$$1^{re} \text{ part} = \tfrac{1000}{6} \times 1.$$
$$2^e \text{ part} = \tfrac{1000}{6} \times 2.$$
$$3^e \text{ part} = \tfrac{1000}{6} \times 3.$$

On prouverait, au reste, comme plus haut (220), que
tout revient à partager 1000 fr. en $1 + 2 + 3 = 6$ parties égales, et à prendre ensuite successivement 1, 2 et 3
de ces parties.

---

617) Un bénéfice réalisé par 3 capitalistes est à partager de telle
manière que le premier ait 300 francs et les $2/3$ du reste, le deuxième
la moitié du reste et 500 francs en sus, et enfin le troisième 750 fr.;
on demande quel est le bénéfice à partager et quelles sont les
parts.

618) On paye au passage d'un pont 0 fr.,20 par voiture attelée
de 2 chevaux, 0 fr.,15 par voiture à 1 cheval, 0 fr.,10 par cavalier,
0 fr.,5 par piéton; dans la quinzaine, le nombre de voitures à 2 che-
eaux a été les $2/5$ de celui des voitures à 1 cheval, celui des voitures à 1 cheval les $3/11$ du nombre des cavaliers, le nombre des cavaliers les $5/27$ de celui des piétons ; la recette de la quinzaine s'est
élevée à 175 fr.,60; on demande combien il est passé de voitures à
2 chevaux, 1 cheval, de cavaliers et de piétons.

619) Cinq armateurs se sont cotisés pour charger un bâtiment
qui leur a rapporté 140000 ; leurs mises ne sont connues que deux
à deux. Le premier et le deuxième ont mis 235000 fr., le deuxième

RÈGLE DE SOCIÉTÉ COMPOSÉE.

227. Problème. — 3 personnes ont fait un fonds social, dans lequel la 1re a apporté 3500 fr. qu'elle a laissés pendant 17 mois 15 jours; la 2e, 2800 fr. qu'elle a laissés pendant 28 mois 9 jours; la 3e, 7000 fr. qu'elle a laissés pendant 9 mois 22 jours; le bénéfice étant de 2150 fr., on demande quelle est la part de chaque associé?

Raisonnement. — Réduisant les mois en jours, on voit que le 1er associé a laissé sa mise pendant 525 jours, le 2e pendant 849 jours et le 3e pendant 292 jours. Or, 5,500 francs placés pendant 525 jours doivent rapporter autant qu'une somme 525 fois plus forte placée pendant 1 jour; de même, 2800 francs dans 849 jours doivent rapporter autant que 849 fois plus d'argent pendant 1 jour; et enfin, pour 7000 francs laissés pendant 292 jours, le 3e associé ne recevra pas plus que pour une somme 292 fois plus forte laissée pendant 1 jour.

Le problème est donc ramené à partager 2150 en 3 parties qui soient entr'elles comme les nombres

$$3500 \times 525 = 18375, \quad 2800 \times 849 = 23772, \quad 7000 \times 292 = 204400$$

ce qui rentre dans le cas précédent et donne d'après la formule :

---

et le troisième ont mis 175000 francs; le troisième et le quatrième ont mis 310000 francs, le quatrième et le cinquième ont mis 95000 francs, et enfin le premier et le cinquième ont mis 212000 fr.; on demande quelle est la part du bénéfice pour chacun des associés.

620) Un oncle laisse une fortune de 35000 francs à partager entre trois de ses neveux, dont l'un est âgé de 6 ans, un autre de 12, le troisième de 21, à condition qu'ils se la partageront en raison inverse de leur âge.

$$1^{\text{re}} \text{ part } = \tfrac{2150}{246547} \times 18375$$

$$2^{\text{e}} \text{ part } = \tfrac{2150}{246547} \times 23772$$

$$3^{\text{e}} \text{ part } = \tfrac{2150}{246547} \times 204400$$

Somme
des nombres.

18375
23772
204400
———
246547

RÈGLE DES MOYENNES.

228. Règle. Pour prendre la *valeur moyenne* de plusieurs choses, quand on connaît la valeur de chacune d'elles en particulier, on divise la *somme des valeurs* par la *somme des nombres*.

1er *Exemple.* — Deux hectolitres de froment ont coûté l'un 16 francs et l'autre 18 francs ; on demande le prix moyen de l'hectolitre ?

Raisonnement. — Deux hectolitres, prix moyen, doivent évidemment coûter autant que deux hectolitres réunis, $16 + 18 = 34$ des deux qualités données. Donc 1 seul hectolitre, prix moyen, coûtera moitié moins $\frac{34}{2} = 17$ fr. Voici comment on dispose les calculs :

1 hect. 1re qualité, coûte :   18 fr.

1   2e   16
——   ——

Somme des nombres, 2   Somme des valeurs, 34.

Réponse, $\frac{34}{2} = 17$.

RÈGLE DES MOYENNES.

Problèmes.

621) Les hauteurs barométriques observées à l'heure de midi pendant une semaine ont été $0^{\text{m}},756$, $0^{\text{m}},754$, $0^{\text{m}},755$, $0^{\text{m}},757$, $0^{\text{m}},753$, $0^{\text{m}},758$, $0^{\text{m}},757$; quelle est la hauteur barométrique moyenne de la semaine ?

622) Un ouvrier a gagné un jour 7 fr. 50, un autre 4 fr. 25, un troisième 5 fr. 75 ; combien a-t-il gagné en moyenne ?

230. 2ᵉ *exemple.* — On a observé, 8 jours de suite, à la même heure, le thermomètre, et les observations ont été celles-ci : 1ᵉʳ jour 28°,5 ; 2ᵉ jour 30° ; 3ᵉ jour 29°,2 ; 4ᵉ jour 33°,1 ; 5ᵉ jour 34° ; 6ᵉ jour 35°,2 ; 7ᵉ jour 34°,7 ; 8ᵉ jour 34°,9. On veut connaître la température moyenne de la semaine ?

Raisonnement. — 8 observations, température moyenne, devant donner autant de degrés que les 8 observations réunies, comme elles sont d'ailleurs égales entr'elles, une seule en donnera 8 fois moins :

1ʳᵉ observation,		28°,5
2ᵉ	—	30
3ᵉ	—	29,2
4ᵉ	—	33,1
5ᵉ	—	34
6ᵉ	—	35,2
7ᵉ	—	34,7
8ᵉ	—	34,9
8		249,6

$$\frac{249,6}{8} = 31°,2$$

---

623) On a vendu à un marché 15 hectol. de blé à 18 fr. l'hectol., 22 hectol. à 17 fr. 50 et 9 hectol. à 18 fr. 75 ; quel a été le prix moyen de l'hectolitre ?

624) La hauteur d'une étoile, mesurée en même temps par deux astronomes, a donné au premier 17° 35′ 52″, et au second 17° 36′ 9″ ; quelle est la hauteur de cette étoile en prenant la moyenne des deux observations ?

625) Le thermomètre, observé un jour d'hiver, à 6 heures du matin, a donné 3 degrés au-dessous de zéro ; et, observé à midi, il a donné 5° au-dessus ; quelle est la température moyenne de ce jour ?

626) Deux points sont situés, l'un au nord de l'équateur à la latitude de 12° 36′, l'autre au sud, à la latitude de 13° 45′ ; quelle est leur latitude moyenne ?

627) On a deux lingots d'argent, l'un au titre de 0,890, l'autre au titre de 0,780 ; quel titre obtiendra-t-on si on les allie ?

Vingt-deuxième Leçon.

RÈGLE DE MÉLANGE ET D'ALLIAGE.

231. Définition. — De même que dans le commerce on mêle souvent ensemble des marchandises dont l'une est plus précieuse que l'autre, de même aussi dans l'industrie et dans la fabrication des monnaies on a à fondre ensemble plusieurs métaux, soit pour les rendre plus sonores, comme pour le métal des cloches (cuivre et étain), soit pour les rendre plus durs, comme pour les monnaies (or ou argent et cuivre). Dans le premier cas, lorsqu'il est question de grains ou de liqueurs, la règle est dite *règle de mélange;* dans le second, lorsqu'il s'agit de métaux, la règle est dite *règle d'alliage.*

Mais dans l'une comme dans l'autre de ces règles, on n'a qu'une double question à se proposer : 1° ou bien l'on veut connaître la *valeur moyenne* du mélange ou de l'alliage quand on connaît la valeur et le nombre des choses mélangées ou alliées ; 2° ou bien l'on veut connaître le *nombre* des choses qui doivent être mélangées ou alliées

---

RÈGLE DE MÉLANGE ET D'ALLIAGE.

1re QUESTION.

628) Un marchand de blé mêle ensemble 45 hectolitres de blé à 19 fr. 50 l'hectolitre avec 27 hectolitres à 18 fr. 75 l'hectolitre ; à combien lui reviendra l'hectolitre du mélange ?

629) On mélange 35 litres de vin à 0 fr.,20 le litre avec 48 litres à 0 fr.,35, et 26 litres à 0 fr.,45 le litre, à combien reviendra le litre du mélange ?

630) Si, dans l'exemple précédent, l'on voulait gagner 3 francs sur le tout, combien devrait-on vendre le litre du mélange ?

quand on connaît la valeur de chacune d'elles et la valeur moyenne du mélange ou de l'alliage.

1re QUESTION.

232. *Premier exemple*. — Un marchand de vin a mêlé ensemble des vins de deux qualités, savoir : 90 litres à $0^f,40$ le litre, 45 litres à $0^f,50$; on demande le prix du litre du mélange.

Raisonnement :

$$90 \text{ litres à } 0^f,40 \quad \text{coûtent} \quad 90 \times 0,40 = 36^f$$

$$45 \quad\quad— \quad\quad 0^f,50 \quad\quad — \quad\quad 45 \times 0,50 = 22,50$$

$$\overline{135} \quad\quad — \quad\quad \text{coûtent donc ensemble} \quad\quad 58,50$$

et, par suite, 1 seul litre coûtera $\dfrac{58,50}{135} = 0^f,43$

233. Formule. — On voit que la formule est la mêm que pour les moyennes, c'est-à-dire qu'il faut diviser la *somme des produits* par la *somme des nombres*.

234. *Deuxième exemple.* — On a trois lingots d'argent : le 1er, au titre de 0,915, pèse $3^k,2$; le 2e, au titre de

---

631) Un particulier possède deux lingots d'argent : l'un au titre de 0,860 du poids de 5 k.,27, l'autre au titre de 0,790 du poids de 7 k.,45 ; il veut les fondre ensemble, et l'on demande quel sera le titre de l'alliage.

632) On fond ensemble trois lingots d'or : le premier au titre de 0,824 pèse 2 k.,375 ; le deuxième, au titre de 0,863, pèse 3 k.,925 ; le troisième, au titre de 0,915, pèse 1 k.,876. On demande quel sera le titre de l'alliage.

633) On mêle 5 litres d'eau-de-vie contenant $^{13}/_{25}$ d'eau, avec 15 litres d'une autre qualité qui en contiennent $^{11}/_{25}$, on demande par quelle fraction sera représentée l'eau contenue dans le mélange.

634) Le laiton ou cuivre jaune, se composant aux $^3/_4$ de cuivre et pour le reste de zinc, on demande quel sera le prix d'un kilogramme d'alliage, le cuivre se vendant 2 fr. 50 et le zinc 0 fr.,95 le kilogramme.

0,885, pèse 5^k,7 ; le 3e, au titre de 0,860, pèse 2^k,5 ; on veut les fondre en un seul, et on demande quel sera le titre de l'alliage ?

Raisonnement. — D'après la règle (164), pour connaître la quantité de métal fin contenu dans chaque lingot, on multiplie le poids par le titre. Donc :

$$3^k,2 \text{ au tit. } 0,915 \text{ contienn. } 3,2 \times 0,915 = 2,928 \text{ métal fin}$$
$$5,7 \quad — \quad 0,885 \quad — \quad 5,7 \times 0,885 = 5,0445$$
$$2,5 \quad — \quad 0,860 \quad — \quad 2,5 \times 0,860 = 2,15$$
$$\overline{11,4} \qquad\qquad\qquad\qquad \overline{10,1225}$$

Et puisque le titre n'est autre chose que le quotient du poids du métal fin par le poids total, le titre demandé sera :

$$\frac{10,1225}{11,4} = 0,888$$

Ce qui est encore conforme à la formule (233).

2e QUESTION.

235. *Premier Exemple.* — Un marchand a du vin de deux qualités : l'une de 0^f,40 le litre, l'autre de 0^f,50 ; il désirerait savoir combien de litres il doit prendre de chaque qualité pour que le titre du mélange puisse se donner à 0^f,43 le litre.

---

635) Une personne a acheté pour 5000 francs de rentes 3 % au cours de 68,55, et pour 9000 francs de rentes 4 1/2 % au cours de 94,50 ; on demande à quel taux moyen se trouvent placées les deux sommes réunies.

636) Un marchand de vin vend 0 fr.,60 le litre une pièce de vin de 2 hectolitres et demi, dont les 4/5 étaient d'un vin de 0 fr.,35 le litre et le reste d'un vin de 0 fr.,15 ; on demande combien il gagne pour 100.

637) Comment payer une somme de 340 francs avec un nombre égal de pièces de 1 franc, de 0 fr.,50 et de 0 fr.,20 ?

Raisonnement. — En vendant 0,43 le litre qui lui en coûte 0,40, il gagne 0,03 par litre, et, au contraire, en ne vendant que 0,43 le litre qui lui en coûte 0,50, il perd 0,07 par litre ; or, puisqu'il ne veut rien perdre dans ce mélange, il faut qu'il y ait compensation entre le gain qu'il fait d'un côté et la perte qu'il subit de l'autre ; il faut donc que :

$3\times$ par le nombre de litres de la 1re qualité $=7\times$ par le nombre de lit. de la 2e (1) ;

et si on divise par 3 ces deux produits qui sont égaux, on voit que :

Le nombre de litres de la première qualité $=\frac{7}{3}$ du nombre de litres de la deuxième, c'est-à-dire que lorsqu'on prendra 7 litres de la première qualité, on devra en prendre 3 de la seconde.

236. Vérification. — Et en effet, vérifiant, l'on voit que :

$$
\begin{array}{lllll}
7 \text{ litres à } 0,40 & \text{coûtent} & 7 \times 0,40 = 2,80 \\
3 \quad\quad\quad 0,50 & — & 3 \times 0,50 = 1,50 \\
\hline
10 & & \quad\quad\quad\quad\quad 4,30
\end{array}
$$

et, par suite, 1 litre coûte $\dfrac{4,30}{10} = 0,43$

---

638) Si dans le problème précédent l'on voulait 12 pièces de 0 fr.,20 contre une pièce de 1 franc, combien y en aurait-il de chacune de ces deux sortes ?

639) Un patron a deux ouvriers dont l'un pourrait terminer l'ouvrage en 5 heures $3/4$ et l'autre en 7 heures $1/3$; s'il les y emploie tous les deux, en combien de temps l'ouvrage sera-t-il fini ?

640) Trois fontaines pourraient remplir un bassin : la première en 2 h. $1/2$, la deuxième en 3 h. $1/3$, la troisième en 4 h. $1/4$; si les 3 fontaines coulent à la fois, en combien de temps le bassin sera-t-il rempli ?

641) Deux fontaines coulant ensemble rempliraient un bassin en 7 h. $3/4$, et la première le remplirait à elle seule en 9 h. $3/5$: on demande en combien de temps le remplirait la seconde.

237. Règle pratique. — *On dispose les calculs de cette manière : le prix moyen étant écrit avant les prix donnés, on écrit vis-à-vis de ceux-ci et à la suite,* DANS UN ORDRE INVERSE, *les différences ; ces différences donnent, pour chaque qualité placée en regard, la proportion voulue.*

Prix moyen 0,43   Prix donnés 0,40   Différences 7ᶜ

       —   0,50   —   3

238. Remarque. — I. L'on voit que les problèmes relatifs à cette deuxième question sont susceptibles d'une infinité de solutions ; en effet, l'on n'aurait dans l'exemple précédent qu'à multiplier les résultats 7 et 3 par 2, 3, 4...., et en général par telle quantité qu'on voudrait, et l'on aurait autant de solutions. Aussi, ces sortes de problèmes sont-ils appelés *indéterminés*.

239. Remarque. — II. Si, dans l'exemple précédent, on déterminait le nombre de litres du mélange qu'on veut faire, supposons, par exemple, que le marchand voulût remplir une barrique de 450 litres, on chercherait d'abord le nombre de litres de chaque qualité, comme tout-à-l'heure, ce qui donnerait 7 et 3 ; puis il ne resterait plus qu'à partager 450 proportionnellement aux nombres 7 et 3 (222).

2ᵉ QUESTION.

642) Combien de litres faut-il prendre de deux qualités de vin, l'une à 0 fr.,35 et l'autre à 0 fr.,55, pour que le litre du mélange revienne à 0 fr.,40 ?

643) Comment, avec du blé à 19 francs et à 21 fr. 60 l'hectolitre, faire un mélange de 45 hectolitres qui revienne à 20 fr. 50 l'hectolitre ?

644) Avec de l'argent, au titre de 0,920 et de 0,850, faire un alliage au titre légal de l'argent monnayé ?

645) Si un orfèvre a deux lingots d'or : l'un au titre de 0,915, l'autre au titre de 0,790, combien devra-t-il prendre de l'un et de l'autre pour faire un alliage de 5 kilog. au titre de 0,840 ?

240. Remarque. — III. Si, au lieu de déterminer le nombre des litres du mélange, on limitait celui de l'une des deux qualités, et qu'on demandât, par exemple, combien de litres de la qualité à 0,40 il faut prendre pour que, mélangé à 42 litres de la quantité à 0,50, le litre de mélange revienne à 0,43 ; l'on voit que l'égalité (1) deviendrait

$$3 \times \text{le nombre des litres de la 1}^{\text{re}} \text{ qualité} = 7 \times 42.$$

D'où, divisant par 3 les deux produits qui sont égaux, il vient

$$\text{le nombre des litres de la 1}^{\text{re}} \text{ qualité} = \frac{7 \times 42}{3} = \frac{294}{3} = 98$$

Il faudrait donc prendre 98 litres de la qualité à 0,40 sur 42 de la qualité à 0,50, nombres que l'on peut vérifier comme précédemment (235).

241. Remarque. — IV. L'indétermination serait encore plus grande si, au lieu de deux qualités, on voulait en mélanger 3, 4 ou un plus grand nombre, mais nous renvoyons ces problèmes à l'algèbre, plus compétente que l'arithmétique pour les résoudre.

---

646) Combien faut-il mêler de cuivre à 7 kilog.,325 d'or au titre de 0,875, pour que le titre d'alliage soit de 0,840 ?

647) On a 25 kilog. de café au prix de 2 fr. 50 le kilog., et l'on demande combien il faut mêler de café, du prix de 1 fr. 25, pour que le kilog. du mélange puisse se donner à 2 fr. 10.

648) Quelle quantité d'argent, au titre de 0,860, faut-il allier à 2 kil.,45, au titre de 0,754, pour que le titre d'alliage soit de 0,790 ?

649) Si l'on a dans un lingot 12 kilog. d'argent fondus avec 2 kil.,25 de cuivre, et dans un autre 6 kil.,7 d'argent alliés avec 0 kil.,950 de cuivre ; combien faudra-t-il prendre de chaque lingot pour en obtenir un troisième qui contienne 4 kil.,5 d'argent et 1 kil.,3 de cuivre ?

APPENDICE.

EXTRACTION DE LA RACINE CARRÉE.

242. Définition. — I. Le *carré* d'un nombre est le *produit de ce nombre multiplié par lui-même.*

Ainsi, les carrés de 2, 3, 4.... sont 4, 9, 16...., parce que $4 = 2 \times 2$; $9 = 3 \times 3$; $16 = 4 \times 4$...

Ces nombres 4, 9, 16 sont encore dits les *puissances deuxièmes* de 2, de 3, de 4.

On indique le degré de la puissance par l'*exposant* qu'il ne faut point prendre pour un multiplicateur. Ainsi $9 = 3^2$ et non 3×2, ce qui donnerait 6; de même $16 = 4^2$ et non 4×2, ce qui donnerait 8....Il n'y a d'exception que pour $4 = 2^2 = 2 \times 2$.

243. — II. On appelle *racine carrée* d'un nombre le *second nombre qui, multiplié par lui-même, a donné le premier.*

Problèmes divers.

650) Un vase rempli d'eau pèse 3 kilog.,275 ; combien pèserait-il si on le remplissait : 1° de mercure ; 2° d'acide sulfurique ; 3° de vin de Bordeaux ; 4° d'huile d'olive ? Voir le tableau des densités (161).

651) Une pièce, remplie d'huile d'olive, pèse 205 kil.,9425 ; on demande ce qu'elle pèserait remplie d'eau.

Ainsi, 2, 3, 4.... sont les *racines carrées* de 4, 9, 16....
parce que 2×2, 3×3, 4×4.... ont donné les carrés 4,
9, 16....

La racine carrée d'un nombre s'indique par le signe
$\sqrt{}$ appelé *radical*, qu'on place au-dessus du nombre de
la manière suivante $\sqrt{4} = 2$, $\sqrt{9} = 3$, $\sqrt{16} = 4$.

§ Ier.

NOMBRES ENTIERS.

Nous distinguerons deux cas, suivant que le nombre
donné est composé : 1° de deux chiffres au plus, 2° d'un
nombre quelconque de chiffres.

1er CAS.

244. Le carré de 10 est 100 $(10 \times 10 = 100)$; donc,
si le nombre donné est plus faible que 100, c'est-à-dire
composé de 2 chiffres *au plus*, on est sûr que sa racine
sera plus faible que 10, et, par suite, composée d'un seul
chiffre.

---

652) Un vase rempli d'eau pèse 37 kilog.,9089 et si on remplit le
même vase d'esprit-de-vin, il pèse 30 kilog.,0240; on demande
combien l'esprit-de-vin pèse moins que l'eau, en d'autres termes,
quelle est la densité de l'esprit de vin ?

653) On a de l'huile d'olive dans une pièce d'une contenance de
225 litres; on demande le prix qu'on en retirerait si on la vendait
2 fr. 40 le kilog.

654) Un couvert d'argent, pesant 208 grammes, est au titre de
0,840 ; on demande ce qu'il contient d'argent pur.

655) Un ébéniste achète, à raison de 750 francs le mètre cube,
un tronc de bois de placage, qui pèse hors de l'eau 150 k.,25 et dans
l'eau 97 k.,12; combien devra-t-il donner ?

Ce cas se résoudra donc au moyen de la table suivante :

Racines carrées.	1	2	3	4	5	6	7	8	9	10
Carrés.	1	4	9	16	25	36	49	64	81	100

Ainsi, la racine carrée de 16 est 4 *exactement* ; la racine carrée de 49 est 7 *exactement.*

Quand la racine carrée d'un nombre s'extrait exactement, ce nombre est dit alors *carré parfait* ; 16 et 49 sont des carrés parfaits.

245. Remarque. — Mais il pourrait se faire que le nombre donné ne fût pas un carré parfait. Soit, par exemple, proposé d'extraire la racine carrée du nombre 52 ; ce nombre ne se trouve pas dans la ligne des carrés parfaits (244), mais il est compris entre 49 dont la racine carrée est 7, et 64 dont la racine carrée est 8 ; par suite, la racine carrée de 52 est comprise entre 7 et 8, et l'on dit qu'elle est 7 *à moins d'une unité près par défaut*, à moins d'une unité, car si on augmentait 7 d'une unité, on aurait 8 dont le carré 64 est plus fort que 52.

2e CAS.

246. Si le nombre donné est plus fort que 100, sa racine est plus forte que 10, et, par suite, elle est composée de dizaines et d'unités.

---

656) Sachant que l'eau pèse 770 fois plus que l'air, toutes choses égales d'ailleurs, on demande quel est le poids d'un mètre cube d'air.

657) La lieue métrique étant de 4 kilomètres, et la lieue géographique de 4444 mètres ; on demande combien il y a de lieues métriques et de lieues géographiques dans le tour de la terre ?

658) La distance de Paris à l'Équateur étant de 48° 50′, on demande d'exprimer en lieues métriques cette même distance.

659) La surface de la France étant de 5,333 myriamètres carrés, combien vaut-elle d'ares et d'hectares ?

Soit proposé d'extraire la racine carrée du nombre 2916.

Préliminaires. — Avant de savoir comment, le carré étant donné, on peut retrouver sa racine, il faut voir auparavant comment avec la racine on a formé le carré.

247. Formation du carré. — Pour plus de simplicité, supposons pour un instant que la racine carrée 54 du nombre 2916 nous soit connue.

On voit que, pour élever 54 au carré, il a fallu d'abord multiplier 4 par 4, ce qui a donné le carré des unités; puis 4 par 5, ce qui a donné un premier produit des dizaines 5 par les unités 4; puis passant au chiffre 5 du multiplicateur, on a de nouveau multiplié 5 par 4, ce qui a donné une seconde fois le même produit des dizaines 5 par les unités 4; et enfin multipliant 5 par 5, on a eu le carré des dizaines, comme le montre le tableau suivant:

54	ou bien	$a+b$
54		$a+b$
4×4 carré des unités		b^2
5×4 1ᵉʳ produit des dizaines par les unités		ab
5×4 2ᵉ produit —		ab
5×5 carré des dizaines		b^2
5^2+2 fois $4\times 2+4^2$		$a^2+2ab+b^2$

en représentant les dizaines 5 par la lettre a, et les unités 4 par la lettre b.

---

660) La loi tolérant sur les pièces d'or de 20 fr. une erreur de 4 millièmes, moitié en plus moitié en moins, on demande ce que peut peser en plus et en moins une pièce d'or de 20 francs.

661) Trouver par le calcul le poids d'une pièce d'or de 20 francs, sachant que l'or à poids égal vaut 15 fois ½ plus que l'argent?

Donc pour tout nombre formé de dizaines et d'unités, le carré se compose :

1° Du carré des dizaines (a^2) ;

2° De 2 fois le produit des dizaines par les unités ($2\,ab$) ;

3° Du carré des unités (b^2) ;

248. Principe. — *La différence entre les carrés de deux nombres consécutifs est égale à 2 fois le nombre le plus faible, plus 1.*

Ainsi, la différence entre les carrés 25 et 36, par exemple, des deux nombres consécutifs 5 et 6 est égale à $11 = 10$ (double du nombre le plus faible) $+ 1$.

En effet, le carré du nombre le plus fort 6 qu'on peut écrire de cette manière $(5 + 1)^2$ se compose, d'après ce qui précède (247), du carré de 5 (nombre le plus faible) plus de 2 fois $5 \times 1 = 10$ (double du nombre le plus faible), plus du carré de $1 = 1$. Donc le carré de $5 + 1$ ou de 6 surpasse le carré de 5 de $10 + 1$.

249. Théorie. — Cela posé, revenons au nombre 2916. L'on voit que ce nombre étant considéré comme le carré de sa racine, laquelle a des dizaines et des unités, doit, par suite, se composer de trois parties que nous allons chercher à dégager en commençant par le carré des dizaines (a^2).

Cette partie a dû donner des centaines, car des dizaines multipliées par elles-mêmes donnent des centaines.

---

662) Réciproquement, connaissant le poids de la pièce de 100 fr. et celui de l'unité monétaire, trouver le rapport 15 1/2.

663) Quand on connaît la valeur d'un kilogramme d'argent monnayé, trouver celle d'un kilogramme d'argent pur.

664) Réciproquement, connaissant la valeur d'un kilogramme d'argent pur, trouver celle d'un kilogramme aux deux titres de 0,920 et de 0,840.

665) On a un lingot d'argent pur, du poids de 3 k.,486 ; quelle somme donnera-t-il en argent monnayé ?

666) Dire pourquoi le décare et le déciare ne sont pas usités.

On ne peut donc les chercher que dans les 29 centaines du nombre 2916, et comme le plus grand carré contenu dans 29 est 25, dont la racine est 5, le chiffre des dizaines de la racine est 5. Si donc nous élevons 5 au carré et que nous retranchions ce carré 25 du nombre proposé, le reste 416 ne contiendra plus que les 2 autres parties du carré.

La 2me partie, double produit des dizaines par les unités (2 ab), donnant des dizaines, ne peut évidemment se trouver que dans les 41 dizaines du reste 416, et si l'on considère 2ab comme un produit dont 2a serait un facteur et b l'autre facteur, l'on voit que divisant le produit 2ab ou 41 par le facteur connu, $2a = 2 \times 5 = 10$ *double de la racine trouvée*, l'on trouvera b ou un chiffre trop fort. Faisant la division, on trouve au quotient le chiffre 4, que l'on vérifie en le mettant à droite du chiffre 5 et en élevant 54 au carré, ou bien en l'écrivant à droite de $10 = 2a$ et au-dessous de lui-même ; puis si l'on multiplie, l'on voit que $4 \times 4 = b^2$ donne la 3e partie du carré, et $10 \times 4 = 2ab$ donne la 2me partie ; donc si l'ensemble de ces deux parties, c'est-à-dire le produit 416 peut se retrancher du reste du carré 416, le chiffre des unités 4 sera bon, et l'on voit qu'il ne reste rien, preuve que le nombre 2916 est le carré parfait de la racine 54.

250. Remarques. — I. *Le chiffre des dizaines est toujours certain,* car le nombre donné 2916 tombant entre les 2 carrés 2500, dont la racine est 50 et 3600, dont la

---

667) Pourrait-on obtenir un cube de la valeur du décastère ?

668) Si la base du système métrique avait été prise 2 fois plus grande, que seraient devenues les autres unités de mesure ?

669) On a 1500 mètres cubes d'empierrement qu'on veut répandre sur une route de 4 mètres de large à une épaisseur de 0^m,25 ; on demande quelle longueur de la route on pourra empierrer.

670) On demande la somme des nombres complexes suivants : 7 ans 0 mois 24 jours 12 heures 54 minutes 35 secondes, et 5 ans 11 mois 8 jours 5 heures 13 minutes 4 secondes.

racine est 60, sa racine doit, par suite, tomber entre 50 et 60; mais *le chiffre des unités*, que nous avons obtenu en divisant 41 par 10, *n'est pas certain*; car, dans les 41 dizaines, il peut y avoir des dizaines de retenue provenant du carré des unités et du reste du carré, s'il y en a un.

II. On connnaîtra que le chiffre des unités 4 est *trop fort* quand le carré de la racine trouvée 54 ne pourra pas se retrancher du nombre donné 2916, et on connaîtra qu'il est *trop faible* quand le reste du carré surpassera, ne serait-ce que d'une unité, le double de la racine présumée 54; car alors le nombre 2916, contenant le carré de 54 et le double de 54+1, contiendrait, d'après le principe (248), le carré de 55.

III. Si le nombre donné était composé de plus de 4 chiffres, de 6 par exemple, on ramènerait ce cas au précédent en extrayant d'abord la racine carrée des 4 premiers chiffres à gauche représentant les centaines, et la racine trouvée exprimerait, par suite, l'ensemble des dizaines de la racine demandée ; puis, divisant les dizaines du reste par le double du total des dizaines trouvées, on aurait, comme précédemment, le chiffre des unités. Le cas de 8 chiffres se ramènerait semblablement à celui de 6, ainsi de suite.

---

671) Quelle est la différence entre 15 ans 3 mois 17 jours 7 heures 32 minutes 20 secondes, et 7 ans 5 mois 14 jours 12 heures 28 minutes 45 secondes ?

672) Combien a vécu de secondes et de dixièmes de seconde un vieillard âgé de 89 ans 7 mois 15 jours?

673) Convertir en heures, minutes et secondes la partie décimale du nombre 285 jours 123709.

674) Multiplier par 8 le nombre 26 jours 18 heures 12 minutes.

675) Diviser par 8 le produit de la multiplication précédente.

676) Trouver combien il y a de minutes, d'heures, de jours, de mois et d'années dans 48704228 minutes.

Voici comment se disposent les calculs :

Exemples :

29.15	54		12.67.36	356
25	104		9	65
41.6	4		36.7	5
41 6			22 5	706
0			423 6	6
			423 6	
			0	

251. Règle. — *Donc, pour extraire la racine carrée d'un nombre quelconque, on commence par le partager en tranches de deux chiffres, à partir de la droite, la 1re tranche à gauche pouvant n'en avoir qu'un; puis on cherche le plus grand carré contenu dans la 1re tranche à gauche, et sa racine exprime le chiffre de la racine de l'ordre le plus élevé.*

Cela fait, on élève ce chiffre au carré, qu'on retranche de la tranche séparée, et à côté du reste on abaisse la tranche suivante. Séparant les dizaines du nombre ainsi formé, on les divise par le double du 1er chiffre trouvé, ce qui donne le 2e chiffre de la racine ou un chiffre trop fort ; pour l'essayer, on l'écrit à côté du double du 1er chiffre et au-dessous de lui-même, puis on fait la multiplication, et si ce produit peut se retrancher de l'ensemble des chiffres abaissés, ce chiffre est bon et on l'écrit à la droite du premier.

---

677) Un marchand de vin achète, au prix de 280 francs, deux pièces de vin : l'une de 250 et l'autre de 300 litres ; le litre de la première coûte le double de celui de la deuxième ; quel est le prix du litre pour chaque qualité ?

6.8) Trois condisciples réunissant leurs étrennes du premier jour de l'an, il se trouve que le premier et le deuxième ont à eux deux 6 francs, et le premier avec le troisième 5 francs, tandis que le deuxième et le troisième ont ensemble 7 francs ; on demande ce qu'ils ont reçu chacun en particulier.

A côté du nouveau reste, on abaisse une nouvelle tranche et on opère sur les dizaines de cette tranche, comme on vient de le faire sur les dizaines de la tranche précédente, c'est-à-dire qu'on les divise par le double de l'ensemble des chiffres écrits à la racine, et le chiffre trouvé au quotient s'essaie comme précédemment, ainsi de suite.

S'il arrivait que dans l'une des divisions le dividende ne fût pas assez grand pour contenir le double de la racine trouvée, on mettrait un zéro à la racine, puis on abaisserait la tranche suivante, et sur les dizaines séparées du nombre ainsi formé on opérerait comme il vient d'être dit.

§ II.

NOMBRES FRACTIONNAIRES ET DÉCIMAUX.

252. 1ʳᵉ règle. — *La racine carrée d'une fraction s'obtient en extrayant celle du numérateur et celle du dénominateur.*

Ainsi, $\sqrt{\frac{25}{36}} = \frac{5}{6}$; car, pour élever une fraction $\frac{5}{6}$, par exemple, au carré, il faut la multiplier par elle-même, c'est-à-dire numérateur par numérateur et dénominateur par dénominateur $(\frac{5}{6})^2 = \frac{5}{6} \times \frac{5}{6} = \frac{5^2}{6^2}$. Donc réciproquement, pour extraire la racine carrée d'une fraction, il faut extraire la racine carrée du numérateur et celle du dénominateur.

---

679) En mettant 5 francs dans la bourse de son condisciple, celui-ci a autant que le premier, et en les mettant dans la sienne, le premier a 3 fois plus ; combien ont-ils chacun ?

680) En ajoutant 2 francs à ce qu'il a, un écolier se trouverait avoir autant au-dessus de 5 francs que maintenant il a au-dessous ; combien a-t-il ?

681) La différence entre l'âge de deux frères est de 7 ans, et l'âge du plus jeune n'est que les 3/4 de celui de l'aîné ; quel est l'âge des deux frères ?

682) Ces deux mêmes frères ont ensemble 49 ans, et 3 fois l'âge de l'aîné égale 4 fois celui du plus jeune ; quel est leur âge ?

Si le dénominateur n'était pas un carré parfait, on réduirait ce cas au précédent, en multipliant les deux termes de la fraction donnée par le dénominateur lui-même ; ainsi ,

$$\sqrt{\frac{11}{14}} = \sqrt{\frac{11 \times 14}{14^2}}$$

253. 2ᵉ règle. — *La racine carrée d'un nombre décimal s'obtient en extrayant la racine carrée du nombre proposé, abstraction faite de la virgule (le nombre des décimales étant d'abord rendu pair s'il ne l'était pas) ; puis en séparant à la racine moitié moins de décimales que n'en contient le nombre proposé.*

Cette règle résulte de la règle de multiplication des nombres décimaux, d'après laquelle on double au produit le nombre des décimales d'un des facteurs, si les 2 facteurs sont les mêmes (ils ne sont ici autre chose que la racine multipliée par elle-même).

RACINE CARRÉE PAR APPROXIMATION.

254. Dans les exemples précédents (I et II), nous avons extrait la racine carrée d'une manière *exacte*, parce que

---

683) L'âge du père réuni à celui de son aîné donne 90 ans, et en retranchant 17 ans de celui du père pour les joindre à celui du fils, les deux âges deviennent égaux ; quel est l'âge du père et du fils ?

684) Une femme porte des poires au marché : elle en vend une première fois les 2/3 de ce qu'elle a, une deuxième fois elle vend les 3/4 de ce qui lui reste, une troisième elle vend les 5/6 de son nouveau reste , et elle a encore 52 poires dans son panier ; combien de poires avait-elle porté au marché ?

685) Les élèves d'une classe se cotisent pour faire une bonne œuvre en donnant chacun 0 fr.,60 ; ils trouvent que ce serait trop de 3 francs, mais en ne donnant que 0 fr.,25 c'est trop peu de 4 fr.; on désire savoir combien il y a d'élèves dans cette classe et à combien se porte la somme qu'il leur faut ?

ces nombres étaient des carrés parfaits; mais le plus souvent il arrive que les nombres donnés n'étant pas des *carrés parfaits*, on ne peut trouver leur racine qu'à moins d'une unité près.

Or, il pourrait se faire que cette approximation ne suffît pas, et qu'on désirât connaître la racine d'un nombre non carré parfait à $\frac{1}{10}$, à $\frac{1}{100}$, à $\frac{1}{1000}$ près, ou bien à moins d'une unité fractionnaire $\frac{1}{2}$, $\frac{1}{3}$, $\frac{1}{4}$·····

De là deux cas, suivant que l'approximation doit être marquée par un nombre décimal ou par une fraction ayant l'unité en numérateur.

PRINCIPE.

255. *On ne peut jamais extraire d'une manière exacte la racine carrée d'un nombre non carré parfait.*

Ainsi, 12 étant un nombre compris entre les carrés parfaits consécutifs, 9 et 16, sa racine sera comprise entre 3 et 4, et il n'y aura pas de nombre fractionnaire $3\frac{2}{5}$, par exemple, qui puisse la représenter; car si $3\frac{2}{5}$ était la racine carrée exacte de 12, l'on aurait, par suite, $3\frac{2}{5} = \frac{17}{5}$ élevé au carré égal à 12, et en supposant $\frac{17}{5}$ une

---

686) Une horloge marquant midi et les deux aiguilles étant l'une sur l'autre, on demande combien de fois elles se rencontreront avant 6 heures et à quelles heures.

687) Quand l'aiguille des minutes marque 4 h. 52 m.; à quelle division du cadran se trouve l'aiguille des heures?

688) Deux courriers partent du même endroit et vont dans le même sens : le premier, parti 3 heures avant le second, fait 10 kil. à l'heure ; le second en fait 10,5 ; on demande dans combien de temps ils se rejoindront.

689) Si l'on supposait, dans le problème précédent, que le premier courrier fît 3 myriamètres en 4 heures et le second 2 myriam., 4 en 3 heures, dire : 1° dans combien de temps ils se seront rejoints ; 2° à quelle distance ils se trouveront du point de départ.

fraction irréductible, son carré serait encore irréductible, et l'on aurait un nombre entier égal à une fraction irréductible, ce qui est absurde. Donc.....

1er CAS.

256. Cela posé, pour extraire la racine carrée d'un nombre entier ou décimal à $\frac{1}{10}$, $\frac{1}{100}$, $\frac{1}{1000}$.... près, on *prépare le nombre donné* de manière à ce qu'il ait un nombre de décimales double de celui de la racine 2, 4, 6, 8....., si la racine doit en avoir 1, 2, 3, 4.....; puis on extrait la racine en se conformant à la règle (251).

Exercices sur l'extraction de la racine carrée.

690) $\sqrt{576}$, $\quad \sqrt{1225}$, $\quad \sqrt{2209}$, $\quad \sqrt{3481}$, $\quad \sqrt{4624}$.

691) $\sqrt{5329}$, $\quad \sqrt{7396}$, $\quad \sqrt{9801}$, $\quad \sqrt{60025}$, $\quad \sqrt{106929}$.

692) $\sqrt{54756}$, $\quad \sqrt{17225}$, $\quad \sqrt{26244}$, $\quad \sqrt{94249}$, $\quad \sqrt{314721}$.

693) $\sqrt{854}$, $\quad \sqrt{4028}$, $\quad \sqrt{51614}$, $\quad \sqrt{84092}$, $\quad \sqrt{21465}$.

694) $\sqrt{\frac{16}{81}}$, $\quad \sqrt{\frac{28}{36}}$, $\quad \sqrt{\frac{85}{144}}$, $\quad \sqrt{\frac{11}{19}}$.

695) $\sqrt{\frac{14}{22}}$, $\quad \sqrt{7\frac{1}{6}}$, $\quad \sqrt{59\frac{8}{13}}$, $\quad \sqrt{354\frac{12}{17}}$.

696) Extraire la racine carrée de 0,54; 20,5 ; 34 ; 305,8 à moins de 0,1 près.

697) De 18,4106; 57,128; 6,35; 925,4; 52; 8; $\frac{5}{6}$; $7\frac{3}{4}$ à moins de 0,01 près.

698) De 0,315784; 2,31096; 34,419; 517,27; $8\frac{3}{4}$; 2 à moins de 0,001 près.

Exemple. — Soit à extraire la racine carrée de 12 à $\frac{1}{1000}$ près.

$$
\begin{array}{r|l}
12.00.00.00 & 3463 \\
3\,0.0 & \overline{64} \\
4\,40.0 & 4 \\
28\,400 & \overline{686} \\
7\,631 & 6 \\
 & \overline{6923} \\
 & 3
\end{array}
$$

Le reste du carré étant 7631, nombre moindre que le double de 3463, la racine est exacte à moins d'une unité, et puisqu'elle doit exprimer des $\frac{1}{1000}$, la racine demandée sera 3,463 , à moins de 0,001.

En effet, 12 étant égal à $\dfrac{12 \times 1000^2}{1000^2} = \dfrac{12000000}{1000^2}$,

sa racine carrée sera $\dfrac{3463}{1000} = 3,463$ à 0,001 près.

Remarque. — Si le nombre donné, au lieu d'être un nombre entier ou un nombre décimal, était une fraction ou un nombre fractionnaire, on le convertirait en un nombre décimal (131), puis on se conformerait à la règle (251).

Problèmes.

699) La différence des carrés de deux nombres consécutifs est 49 ; quels sont ces deux nombres ?

700) Un emplacement carré de 1296 mètres carrés a été payé à raison de 9072 francs ; que devrait-on payer en sus si l'on voulait donner 3 mètres de plus par côté à ce même emplacement ?

701) On connaît la somme des carrés de deux nombres qui est 74 et la différence de leurs carrés qui est 24 ; quels sont ces deux nombres ?

702) Faudrait-il plus d'arbres pour border une pièce qui aurait 5 mètres de large sur 125 de long, que pour en border une autre d'égale surface qui serait parfaitement carrée, les arbres étant d'ailleurs également espacés ?

2e CAS.

257. Pour extraire la racine carrée d'un nombre à moins d'une fraction $\frac{1}{2}$, $\frac{1}{3}$, $\frac{1}{4}$....., on multiplie ce nombre par le carré du dénominateur de la fraction, puis on extrait la racine carrée du nombre ainsi formé, et on donne à cette racine pour dénominateur le dénominateur de la fraction.

Ainsi, la racine carrée de 12 à $\dfrac{1}{5}$ près $= \dfrac{17}{5}$; car

$$12 = \frac{12 \times 5^2}{5^2} = \frac{12 \times 25}{5^2} = \frac{300}{5^2} = \frac{17}{5}.$$

CHIFFRES ROMAINS.

Unités.

1	2	3	4	5	6	7	8	9
I	II	III	IV	V	VI	VII	VIII	IX

Dizaines.

10	20	30	40	50	60	70	80	90
X	XX	XXX	XL	L	LX	LXX	LXXX	XC

Centaines.

100	200	300	400	500	600	700	800	900
C	CC	CCC	CCCC ou CD	D ou IↃ	DC	DCC	DCCC	CM

Mille.

1000	2000	3000	4000
M ou CIↃ	MM	MMM	MMMM

Nota. — Les Romains n'avaient pas de *zéro* pour remplacer les ordres manquants.

Pour former les nombres compris entre X et XX, entre XX et XXX…, ils intercalaient les 9 nombres de la première ligne; pour former les nombres compris entre C et CC, entre CC et CCC…, ils intercalaient les 99 nombres des deux premières lignes. De même, pour les mille, ils intercalaient les 999 nombres des trois premières lignes. Ainsi, l'année courante 1859 se serait écrite MDCCCLIX.

Remarque. — On voit, pour la première ligne, que le nombre I, placé à la gauche du V ou du X, diminue ces nombres d'une unité. IV vaut 4, et IX vaut 9; tandis que, placé à la droite de ces mêmes nombres, il les augmente d'une unité: VI vaut 6, et XI vaudront 11.

Pour la deuxième ligne, on voit que le nombre X placé à la gauche de L ou de C, diminue ces nombres de 10: XL vaut 40, et XC vaut 90; tandis que, placé à leur droite, il les augmente de 10: ainsi, LX vaut 60, et CX vaudrait 110.

Enfin, pour la troisième ligne, on voit que le C placé à la gauche de D ou de M, diminue ces nombres de 100: CD vaut 400, et CM vaut 900; tandis que, placé à leur droite, il les augmente de 100: DC vaut 600, et MC vaudrait 1100.

Exercices. — Ecrire en chiffres romains les nombres: 19; 27; 38; 44; 65; 73; 86; 98; 356; 409; 761; 793; 1019; 1146; 1267; 1354; 1888; 1960.

MESURES ANCIENNES

COMPARÉES AUX NOUVELLES.

1° Longueurs.

Le quart du méridien terrestre, ou 10 000 000 de mètres, ayant été trouvé de 5 130 740 toises, il s'ensuit que

$$1^m = \frac{5\,130\,740}{10\,000\,000} = 0^t,513074 = 443^{li},3$$

Et réciproquement, si 5 130 740 toises = 10 000 000 de mètres,

$$1^t = \frac{10\,000\,000}{5\,130\,740} = 1^m,94904.$$

Donc :

La toise (valant 6 pieds) = ...   1^m,95
Le pied (valant 12 pouces) = ...   0,32
Le pouce (valant 12 lignes) = ...   0,03
La ligne (valant 12 points) = ...   0,002
La lieue *géographique* (de 25 au degré), val. 2280^t =   4444,4
La lieue *marine* (de 20 au degré), valant 2850^t =   5555,5
La lieue *de poste*, valant 2000^t = ...   3898

2° SURFACES.

L'arpent *de Paris* (valant 100 perches de 18 pieds) = ...   0$^{hect\cdot}$,3419
La perche *de Paris* (carré de 18 pieds de côté) =   34$^{m\cdot q\cdot}$,19
La perche *des Eaux-et-Forêts* (carré de 22 pieds de côté) = ...   54,07
L'arpent *des Eaux-et-Forêts* (valant 100 perches de 22 pieds) = ...   0$^{hect\cdot}$,5107
La toise carrée = ...   3$^{m\cdot q\cdot}$,798
Le pied carré = ...   0,1055
Le pouce carré = ...   0,0007

3° SOLIDES.

La toise cube (contenant 216 pi. cub.) = ...   7$^{m\cdot c\cdot}$,4039
Le pied cube (contenant 1728 po. cub.) = ...   0,0343
La corde (val. 2 voies), mesure du bois de chauff. =   3 stères, 839
La voie (valant 56 pieds cubes) = ...   1,919

3° POIDS.

La livre (ou 2 marcs) valait 16 onces, l'once valait 8 gros, le gros valait 72 grains; par suite, la livre valait 9212 grains.

Or, le kilogramme (poids d'un décimètre cube d'eau distillée) pèse. 18827,15 grains,4

Donc :

La livre vaut, en kilog., $\dfrac{9212}{18827,15}$ = . . .   0^k,489

L'once vaut. 30 grammes,59
Ls gros vaut.   3,82
Le grain vaut.   0,053

4° CAPACITÉ.

Pour les grains :	le boisseau, valant 16 litrons =	13$^{lit.}$,008
—	le setier, valant 12 boisseaux =	1$^{hectol.}$,561
Pour les liquides :	le muid, valant 36 veltes =	2,682
—	la velte, valant 8 pintes =	0$^{lit.}$,45
—	la pinte, valant 2 chopines =	0,93

5° MONNAIES.

La livre *tournois*, au titre de $\dfrac{11}{12}$, valait 20 sous ; le sou valait 4 liards,
et le liard 3 deniers ; par suite, la livre tournois valait 240 deniers.

Il faut 81 livres pour égaler 80 fr. ; donc, 1 livre $= \dfrac{80}{81} = 0^f,99$

NOTA. — Il y avait, en or, des louis de 24 francs et de 48 francs ;
et en argent, des écus de 6 francs, de 3 francs, et des pièces de 30 sous,
de 15 sous.

VALEUR DE QUELQUES MONNAIES ÉTRANGÈRES.

MONNAIES ANGLAISES.

OR : Guinée (ou *souverain*, ou *livre sterling*), de 20 schillings, depuis 1818.	25^f,21
ARGENT : Crown (ou *couronne*), de 5 schillings, depuis 1818..	5^f,81
— Schilling (1818)..	1^f,16
CUIVRE : Penny (12 pence valent 1 schilling).	0^f,09

MONNAIES D'ALLEMAGNE.

OR : Ducat.	11^f,85
— Frédéric.	20^f,78
ARGENT : Risdale (écu impérial), depuis 1753..	5^f,19
— Thaler (monnaie de Prusse).	3^f,72
— Florin (demi-risdale).	2^f,60
CUIVRE : Kreutzer, à peu près..	0^f,04

MONNAIES D'AMÉRIQUE.

Or : Double aigle de 20 dollars (1849). 103f,64
— Aigle de 10 dollars (1837). 51f,81
— Demi-aigle de 5 dollars. 25f,91
Argent : Dollar. 5f,34
—   Demi-dollar.. . . . . 2f,67
—   Dime.. . . . . 0f,53

MONNAIES DES ÉTATS-ROMAINS.

Or : Pistole. 17f,28
— Sequin.. . . . . 11f,80
Argent : Ecu (de 10 paoli). 5f,38
—   Lire ou papeto (de 20 baïoques). 1f,80
Cuivre : Baïoque, sou italien (un peu plus que le nôtre). . . . 0f,054

VALEUR DE QUELQUES MESURES ÉTRANGÈRES.

MESURES DE LONGUEUR.

ANGLETERRE.

Yard (mètre anglais), valant 3 pieds et 36 pouces. . . . . . . $0^m,914$
Mile (1760 yards). 1609,314
Mile marin. 1852
Lieue marine (3 miles), de 20 au degré. 5555,5

AUTRICHE.

Mille (4000 toises). . . . . 7586^m
Toise (6 pieds). 1,90

RUSSIE.

Mille ou werst. . . . . 1060^m
Sagène ($^1/_{500}$ du werst). 2,13

MESURES DE SUPERFICIE.

ANGLETERRE.

Acre (4840 yards carrés)......................... 40 ares, 46

AUTRICHE.

Arpent (ou joch (carré de 40 toises de côté)........... 57 ares, 55

PRUSSE.

Arpent ou morgen (180 perches carrées).............. 25 ares, 53

MESURES DE CAPACITÉ.

ANGLETERRE.

Bershel (8 gallons)............................. 35 litres, 35
Gallon.. 4,54
Pint (¹/₈ de gallon)............................. 0,57

MESURES DE POIDS.

Les Anglais ont deux livres :
L'une, *livre troy*, pour les matières précieuses...... 373 grammes, 24
L'autre, *livre avoir du poids*, pour les usages ordinaires 453,56
Livre de Cologne............................. 467,66
Livre de Vienne.............................. 560

QUESTIONNAIRE

ET

RÉPONSES A L'USAGE DES COMMENÇANTS.

Qu'est-ce que l'arithmétique?

L'arithmétique est la science des nombres.

Qu'est-ce qu'un nombre?

Un nombre est la réunion de plusieurs unités de même espèce. Exemple : vingt francs, trente mètres, cinquante hommes.

Qu'est-ce que l'unité?

C'est ce qui a servi à former les nombres. Dans les exemples précédents, c'est le franc, le mètre, l'homme.

Combien y a-t-il d'espèces de nombres?

Il y a deux espèces de nombres : les nombres abstraits et les nombres concrets.

Quand un nombre est-il abstrait?

Quand on ne désigne pas les espèces d'unités dont il s'agit. Par exemple : vingt, trente...

Quand un nombre est-il concret?

Quand on désigne les espèces d'unités dont il est question. Par exemple : vingt francs, trente mètres...

Qu'apprend l'arithmétique?

Elle apprend à opérer et à raisonner sur les nombres, et d'abord à les former.

Comment forme-t-on les nombres?

On forme les nombres en ajoutant l'unité à elle-même, ou aux nombres déjà obtenus. Ainsi, *un* plus *un* égale deux; *deux* plus *un* égale trois; *trois* plus *un* égale quatre...

Une fois les nombres formés, ne faut-il pas savoir les énoncer et les écrire?

C'est l'objet de la numération.

Combien de sortes de numérations?

Il y en a de deux sortes : la *numération parlée* et la *numération écrite*.

Qu'est-ce que la numération parlée?

C'est l'art d'énoncer tous les nombres avec très peu de mots.

Quels sont ces mots?

Ce sont : *un, deux, trois, quatre, cinq, six, sept, huit, neuf, dix,* et quelques autres.

Comment, avec si peu de mots, a-t-on pu exprimer tous les nombres?

En faisant la convention qu'ils exprimeraient à volonté des *ordres* de dix en dix fois plus grands, ou des *classes* de mille en mille fois plus grandes (*Montrez sur le tableau* (p. 8) *chacun de ces ordres; dites leur nom, et comment on a formé les nombres depuis dix jusqu'à cent; depuis cent jusqu'à mille, et depuis mille jusqu'à un million.*)

Combien y a-t-il d'ordres dans chaque classe?

Il y en a trois, qui sont : l'ordre des *unités*, l'ordre des *dizaines*, l'ordre des *centaines.*

Combien y a-t-il de classes?

Il y a la classe des *unités simples*, la classe des *mille*, la classe des *millions*, des *billions*, etc..... (*Voir le tableau des initiales et les questions,* page 2, *depuis* (2) *jusqu'à* (14).

Qu'est-ce que la numération écrite?

C'est l'art d'écrire tous les nombres avec très peu de chiffres.

Quels sont ces chiffres ?

Ce sont les suivants : 1, 2, 3, 4, 5, 6, 7, 8, 9 et le zéro (0).

A quoi sert le zéro dans les nombres ?

Il sert à tenir la place des ordres qui manquent.

Comment, avec si peu de chiffres, a-t-on pu écrire tous les nombres ?

A l'aide de la convention suivante : *que tout chiffre placé à la gauche d'un autre exprimerait des unités de l'ordre immédiatement supérieur, c'est-à-dire dix fois plus fortes*. Ainsi, dans 54, le chiffre 5 vaudra cinq dizaines, ou 50, parce qu'il est à la gauche du 4, qui exprime des unités.

Combien de valeurs dans les chiffres ?

Il y a deux valeurs : la valeur *absolue* et la valeur *relative*.

Qu'est-ce que la valeur absolue d'un chiffre ?

C'est la valeur qu'il a par lui-même. 5 vaut 5 en valeur *absolue*, dans le nombre 54.

Qu'est-ce que la valeur relative d'un chiffre ?

C'est la valeur que lui donne le rang qu'il occupe. 5 vaut 5 dizaines, ou 50 en valeur *relative* dans 54.

Comment énonce-t-on les nombres ?

1° *Si le nombre n'a pas plus de trois chiffres*, on énonce d'abord les centaines, puis les dizaines, et enfin les unités. Ainsi, 54 s'énoncera : cinquante-quatre ; et 327 s'énoncera : trois cent vingt-sept.

2° *Si le nombre a plus de trois chiffres*, on l'énonce en le partageant *par un point*, en tranches de trois chiffres, à partir de la droite, et en lisant chaque tranche comme si elle était seule, la première tranche à gauche, par laquelle on commence, pouvant en avoir moins de trois. Ainsi, 32714 se partagera : 32.714, et s'énoncera : trente-deux mille sept cent quatorze (*exercices*, p. 10).

Comment écrit-on les nombres ?

On les écrit tranche par tranche, dans l'ordre même qu'elles sont énoncées, et on écrit chaque tranche comme si elle était seule (*exercices*, p. 11 et suiv.).

Combien d'opérations peut-on exécuter sur les nombres?

Elles se réduisent à quatre : l'addition, la soustraction, la multiplication, la division.

ADDITION.

Qu'est-ce que l'addition ?

C'est une opération qui a pour but de réunir plusieurs nombres donnés en un seul, qu'on appelle *somme* ou *total*.

Quelle est la règle pour faire une addition ?

On écrit les nombres les uns au-dessous des autres, de manière que les unités soient sous les unités, les dizaines sous les dizaines, les centaines sous les centaines..... ; puis on fait l'addition colonne par colonne, en commençant par la droite, et l'on garde les dizaines de retenue provenant de la colonne des unités pour les porter à la colonne des dizaines, les centaines de retenue provenant de la colonne des dizaines pour les porter à la colonne des centaines ; ainsi de suite.

Comment fait-on la preuve de l'addition ?

En recommençant l'addition des colonnes par la droite, seulement au lieu d'aller de haut en bas, on va de bas en haut (réciter la table p. 14, *exercices* et *problèmes*, p. 16 et suiv.).

SOUSTRACTION.

Qu'est-ce que la soustraction ?

C'est une opération qui a pour but, deux nombres étant donnés, de retrancher le petit du plus grand, et le résultat de l'opération s'appelle *reste, excès* ou *différence*.

Quelle est la règle de la soustraction?

On écrit les deux nombres, le plus petit au-dessous du plus grand, de manière que les unités soient sous les unités, les dizaines sous les dizaines....., puis on retranche le chiffre inférieur du chiffre supérieur, colonne par colonne, en commençant par la droite.

Que fait-on quand le chiffre inférieur, celui des dizaines par exemple, est plus fort que le chiffre supérieur ?

On augmente le chiffre supérieur de 10 dizaines, ce qui vaut une centaine ; puis, pour qu'il y ait compensation, arrivés à la colonne des centaines, on augmente également le nombre inférieur d'une centaine ; car, si j'ai 5 francs dans la main droite, et 3 dans la gauche, la différence étant 2, la différence sera encore 2 quand j'aurai ajouté 1 franc à chaque main, et que j'aurai 6 francs dans la droite, et 4 francs dans la gauche.

Comment faites-vous la preuve de la soustraction ?

En additionnant le nombre le plus petit avec la différence, ce qui doit donner le nombre le plus grand (*exercices et problèmes*, p. 19 et suiv.).

MULTIPLICATION.

Qu'est-ce que la multiplication ?

La multiplication est une opération qui a pour but de répéter un nombre appelé *multiplicande* autant de fois qu'il y a d'unités dans un autre appelé *multiplicateur*.

Comment appelez-vous le résultat de l'opération ?

On l'appelle *produit*.

Le multiplicande et le multiplicateur ne portent-ils pas d'autres noms ?

On les appelle quelquefois *facteurs*.

Combien de cas distingue-t-on dans la multiplication ?

Trois cas :

1° Quand on a un nombre d'un seul chiffre à multiplier par un autre nombre d'un seul chiffre ;

2° Quand on a un nombre de plusieurs chiffres à multiplier par un nombre d'un seul chiffre ;

3° Quand on a un nombre de plusieurs chiffres à multiplier par un autre nombre de plusieurs chiffres.

Quelle est la règle du premier cas ?

On se sert de la table de Pithagore (p. 24), qu'il faut savoir par cœur. (Récitez cette table).

Quelle est la règle du deuxième cas ?

On écrit le chiffre du multiplicateur au-dessous du chiffre des unités du multiplicande, on souligne et on multiplie successivement chaque chiffre du multiplicande par le multiplicateur en commençant par la droite, ayant soin de garder les dizaines de retenue, s'il y en a, pour les porter au rang des dizaines, les centaines de retenue pour les porter au rang des centaines, ainsi de suite (*exercices* 115, 116, p. 25).

Quelle est la règle du troisième cas ?

L'on écrit le multiplicateur au-dessous du multiplicande de manière à faire correspondre les unités avec les unités, les dizaines avec les dizaines... ; l'on souligne, puis l'on multiplie par ordre tous les chiffres du multiplicande par chaque chiffre du multiplicateur en commençant par la droite ; d'abord par le chiffre des unités, puis par celui des dizaines... et l'on recule chaque produit partiel de manière à placer son premier chiffre à droite sous le chiffre du multiplicateur par lequel on multiplie ; enfin, on additionne les produits partiels, ce qui donne le produit demandé (*exercices* 117-126, p. 25).

Comment fait-on quand l'un ou l'autre des deux facteurs ou tous les deux sont terminés par des zéros ?

On fait la multiplication des chiffres *significatifs* en négligeant les zéros, et l'on ajoute à la droite du produit autant de zéros qu'il y en avait dans les deux facteurs (*exercices* 125-126, p. 28).

Comment multiplier un nombre par 10, par 100, par 1000 ?

En ajoutant à sa droite un, deux, trois... zéros, car alors chaque chiffre acquiert une valeur relative 10, 100, 1000... fois plus grande, et par suite tout le nombre devient 10, 100, 1000... fois plus fort.

De quelle nature est le produit dans une multiplication ?

Il est toujours de même nature que le multiplicande, car des francs ou des mètres, par exemple, répétés autant de fois qu'on voudra, ne donneront jamais au produit que des francs ou des mètres.

Comment fait-on la preuve de la multiplication ?

On fait la preuve de la multiplication *par une autre multiplication*, en mettant le multiplicande à la place du multiplicateur et le multiplicateur à la place du multiplicande, et l'on doit retrouver le même produit (*problèmes*, p. 29 et suiv.).

DIVISION.

Qu'est-ce que la division ?

La division est une opération qui a pour but de chercher combien de fois un nombre appelé dividende en contient un autre appelé diviseur.

Comment appelle-t-on le résultat de l'opération ?

On l'appelle *quotient*.

Combien de cas distingue-t-on dans la division ?

Deux cas :

1° *Celui où le diviseur n'a qu'un chiffre ;*

2° *Celui où le diviseur en a plusieurs.*

Quelle est la règle du premier cas ?

Ou bien il faut tous les chiffres du dividende pour contenir le chiffre du diviseur, ou bien il ne les faut pas.

1° *S'il faut tous les chiffres du dividende pour contenir le chiffre du diviseur*, le quotient n'a alors qu'un seul chiffre et la table de multiplication suffit. (*Voir la manière de s'en servir*, p. 36 et 37.) *Exerc.* : divisez 43 par 7 ; 59 par 8 ; 68 par 9.

2° *S'il ne faut pas tous les chiffres du dividende pour contenir le chiffre du diviseur (exercices 161, p. 40)*, le quotient a alors plusieurs chiffres. Voici la règle :

On sépare sur la gauche du dividende assez de chiffres pour contenir le diviseur, mais *non pas trop* (un ou deux au plus), puis *on divise* ce dividende séparé par le diviseur, au moyen de la table, comme dans le cas précédent, et l'on a ainsi le chiffre du quotient de l'ordre le plus élevé ou un chiffre trop fort ; pour le vérifier, *on le multiplie* par le diviseur et *l'on retranche* le produit du dividende séparé ; si la soustraction peut se faire, le chiffre est bon et il faut le conserver, sinon il faudrait le diminuer d'une unité et essayer de nouveau la division.

Cela fait, *on abaisse* à côté du reste le chiffre suivant du dividende, et l'on divise ce nouveau dividende partiel par le diviseur, comme tout à l'heure au moyen de la table ; l'on continue toujours de même, chaque chiffre qu'on abaisse donnant un nouveau chiffre au quotient.

S'il arrivait qu'un des dividendes partiels ne contînt pas le diviseur, on mettrait un zéro au quotient et l'on abaisserait un nouveau chiffre à la droite de celui qu'on vient d'abaisser.

En résumé, combien d'opérations faut-il exécuter pour faire la division dans les cas les plus compliqués ?

Cinq : il faut 1° *séparer ;* 2° *diviser ;* 3° *multiplier ;* 4° *soustraire ;* 5° *abaisser.*

Quelle est la règle du second cas ?

Nous dirons encore : ou bien il faut tous les chiffres du dividende pour contenir le diviseur, ou bien il ne les faut pas.

1° *S'il faut tous les chiffres du dividende pour contenir le diviseur (exercices* 157-160, p. 38), le quotient n'a alors qu'un seul chiffre : pour le trouver, on prend le *premier chiffre* à gauche du diviseur et *le premier ou les deux premiers* à gauche du dividende, s'il les faut tous les deux pour contenir celui-là ; puis on opère sur ce dividende et diviseur *conservés* comme s'ils étaient seuls, ce qui rentre dans le 1° précédent ; et pour vérifier le chiffre trouvé, on le multiplie par tout le diviseur et l'on retranche le produit du dividende. Si la soustraction ne pouvait pas se faire, le chiffre trouvé serait trop fort et il faudrait le diminuer d'une unité et essayer de nouveau la division.

2° *S'il ne faut pas tous les chiffres du dividende pour contenir le diviseur (exercices* 161-164, p. 40). Le quotient a alors plusieurs chiffres et la règle est la même que pour le 2° précédent (*problèmes,* p. 42 et suiv.).

A quelle marque connaît-on que le chiffre placé au quotient est trop fort ?

Quand on ne peut pas retrancher du dividende le produit de ce chiffre par le diviseur.

Comment reconnaît-on que le chiffre placé au quotient est trop faible ?

Quand le reste de la soustraction est assez fort pour contenir le diviseur.

Si l'on rend le dividende 2, 3, 4... fois plus grand sans toucher au diviseur, que devient le quotient ?

Le quotient est rendu 2, 3, 4... fois plus grand ; car, évidemment, le dividende doit alors contenir le diviscur 2, 3, 4... fois plus.

Si on rend le diviseur 2, 3, 4... fois plus grand sans toucher au dividende, que devient le quotient ?

Le quotient devient 2, 3, 4... fois plus petit ; car, puisque le dividende ne change pas, il est évident que celui-ci doit contenir le diviseur 2, 3, 4... fois moins.

Et enfin, si l'on rend à la fois le dividende et le diviseur 2, 3, 4... fois plus grands, que devient le quotient ?

Le quotient ne change pas ; car si d'un côté il est rendu un certain nombre de fois plus grand, de l'autre il est rendu ce même nombre de fois plus petit, en sorte qu'il y a compensation. Il en serait de même si, au lieu de rendre dividende et diviseur un certain nombre de fois plus grands, on les rendait un certain nombre de fois plus petits.

Si, dans une division, le dividende et le diviseur sont tous les deux terminés par des zéros, comment abrège-t-on l'opération ?

En supprimant le même nombre de zéros de part et d'autre ; car cela revient à rendre à la fois dividende et diviseur le même nombre de fois plus petits, ce qui, comme on vient de le voir, ne change pas le quotient.

Comment fait-on la preuve de la division ?

On la fait, ou bien *par une autre division*, en mettant le

quotient à la place du diviseur, et l'on doit trouver pour quotient le même diviseur, avec le même reste ; ou bien *par une multiplication*, en faisant le produit du quotient par le diviseur et en ajoutant le reste, ce qui doit reproduire le dividende (*exercices* 163, p. 41).

NOMBRES DÉCIMAUX.

Qu'appelle-t-on nombres décimaux ?

Les nombres décimaux sont des nombres composés de parties d'unité de dix en dix fois plus petites.

Comment forme-t-on les nombres décimaux ?

En supposant l'unité partagée en dix parties égales qu'on appelle *dixièmes*, le dixième en dix parties égales qu'on appelle *centièmes*, le centième en dix parties égales qu'on appelle *millièmes*, le millième en dix parties égales qu'on appelle *dix-millièmes*, le dix-millième en dix parties égales qu'on appelle *cent-millièmes*, le cent-millième en dix parties égales qu'on appelle *millionièmes*....., ainsi de suite (*exercices* 193-201, p. 54).

Que suit-il de cette manière de considérer les unités décimales ?

Il suit de là que les unités décimales *vont de 10 en 10* comme les unités des nombres entiers, et que par suite le principe de la numération écrite des nombres entiers, savoir : que *tout chiffre placé à la gauche d'un autre exprime des unités dix fois plus grandes*, leur est encore applicable.

Comment sépare-t-on, dans un nombre, la partie entière de la partie décimale ?

On les sépare au moyen d'une virgule.

Comment énonce-t-on les nombres décimaux ?

Il y a deux manières de les énoncer : 1° ou bien on énonce *séparément* la partie entière d'abord, puis la partie décimale, en terminant par le mot *dixièmes* ; s'il n'y a qu'un chiffre après la virgule, par le mot *centièmes* ; s'il y en a deux, par le mot *millièmes* ; s'il y en a trois, ainsi de suite ; 2° ou bien on énonce *ensemble* les deux parties comme s'il n'y avait pas de virgule, seulement on termine comme nous venons de le dire (*exercices* 202-208, p. 55).

Comment écrit-on les nombres décimaux ?

On les écrit conformément à la manière dont on les énonce ; si c'est d'après la première manière, on pose d'abord la partie entière, puis la virgule, et enfin la partie décimale ; si c'est d'après la deuxième manière, on pose les deux parties comme si elles ne formaient qu'un nombre, puis on place la virgule de manière à n'avoir qu'une décimale si on a terminé par le mot *dixièmes*, à en avoir deux si on a terminé par le mot *centièmes*, à en avoir trois si on a terminé par le mot *millièmes*. Ainsi de suite (*exercices* 209-215, p. 57).

Si la partie entière venait à manquer, comment la remplacerait-on ?

On la remplacerait par un zéro qu'on ferait suivre de la virgule.

Comment fait-on pour rendre un nombre décimal 10, 100, 1000... fois plus grand ?

On avance la virgule de 1, 2, 3... rangs *vers la droite*, car alors chaque chiffre, et par suite, le nombre lui-même acquiert une valeur 10, 100, 1000 fois plus grande (p. 58).

Comment fait-on pour rendre un nombre décimal 10, 100, 1000 fois plus faible ?

On recule la virgule de 1, 2, 3... rangs *vers la gauche*, car alors chaque chiffre, et par suite, le nombre lui-même prend une valeur 10, 100, 1000... fois plus faible (p. 59).

Quelle est la règle d'addition des nombres décimaux ?

On les écrit les uns au-dessous des autres, de manière que *les virgules se correspondent* dans la même colonne, et l'on fait l'opération comme celle des nombres entiers, ayant soin de placer une virgule au-dessous des autres virgules (*exercices et problèmes* 216 et suiv., p. 58).

Quelle est la règle de soustraction des nombres décimaux ?

On écrit le nombre le plus faible sous le nombre le plus fort, de manière que la virgule soit sous la virgule ; puis on opère comme pour les nombres entiers, ayant soin de mettre la virgule sous les autres virgules (*exercices et problèmes* 225 et suiv., p. 60).

Quelle est la règle de multiplication des nombres décimaux ?

On fait la multiplication comme si c'était des nombres entiers, sans faire attention à la virgule ; seulement on sépare, par une virgule à la droite du produit, autant de chiffres qu'il y a de décimales dans les deux facteurs (*exercices et problèmes* 234 et suiv., p. 62 ; *démonstration*, p. 65 et 66).

Quelle est la règle de division des nombres décimaux ?

Il y a deux cas, suivant que le diviseur est un nombre entier ou un nombre décimal.

1° *Quand le diviseur est un nombre entier*, on fait la division comme dans le cas des nombres entiers, *sans faire attention à la virgule*, seulement on sépare à la droite du quotient, par une virgule, autant de chiffres qu'il y a de chiffres décimaux dans le dividende (*exercices* 251-253, p. 67).

2° *Quand le diviseur a des décimales*, on commence par *préparer les nombres*, c'est-à-dire qu'on supprime la virgule au diviseur, et alors on rentre dans le cas précédent ; mais pour que le quotient ne change pas, on avance la virgule au dividende, d'autant de rangs qu'il y avait de décimales au diviseur. Cela revient en effet à rendre à la fois le dividende et le diviseur le même nombre de fois plus grands, ce qui, comme nous l'avons vu plus haut, n'altère pas le quotient (*exercices* 254-256, p. 68).

Quand la division a un reste, et que le quotient trouvé n'est pas un quotient entier, comment l'appelle-t-on ?

On l'appelle un quotient *approché* et on dit qu'il est approché à moins d'un dixième si l'on s'arrête aux dixièmes ; à moins d'un centième si l'on s'arrête aux centièmes ; à moins d'un millième si l'on s'arrête aux millièmes inclusivement, etc. (*problèmes*, p. 69 et suiv. ; *démonstration*, p. 70).

PROPRIÉTÉS DES NOMBRES PREMIERS.

Qu'appelle-t-on nombres premiers ?

C'est un nombre qui n'est divisible que par lui-même ou par l'unité, comme 7, 23…; mais 15 n'est pas un nombre premier, parce qu'il est divisible par 3 et par 5.

A quelle marque connaît-on qu'un nombre est divisible par 2 ?

Quand son premier chiffre à droite est divisible par 2, ce qui arrive toutes les fois que ce chiffre est un des suivants : 2, 4, 6, 8, 0 (*exercices* 282, p. 84 ; *démonstration* 282).

A quelle marque connaît-on qu'un chiffre est divisible par 5 ?

Toutes les fois que son premier chiffre à droite est divisible par 5, ce qui arrive toutes les fois que ce chiffre est un 5 ou un zéro (*même démonstration*).

A quelle marque connaît-on qu'un chiffre est divisible par 4 ?

Toutes les fois que l'ensemble de ses deux premiers chiffres à droite est divisible par 4, ainsi 3728 est divisible par 4, parce que l'ensemble des deux chiffres 28 est divisible par 4 (*démonstration* 283).

A quelle marque connaît-on qu'un chiffre est divisible par 3 ou par 9 ?

Quand la somme de ces chiffres, pris en valeur absolue, est divisible par 3 ou par 9 ; ainsi, le nombre 16542 est divisible par 3 et par 9, parce que la somme de ses chiffres 1 plus 6 plus 5 plus 4 plus 2 ou 18 est divisible par 3 et par 9 (*démonstration* 286).

*FRACTIONS.

Qu'entend-on par fraction ?

Une fraction est *une ou plusieurs parties égales de l'unité*. Par exemple, si l'on partage une pomme en quatre parties

---

* On pourra omettre ce chapitre à une première lecture.

égales, chacune de ces parties est un quart de la pomme, et si l'on prend une, deux, trois de ces parties, l'on aura le quart, les deux quarts, les trois quarts de la pomme, autant de fractions.

Comment écrit-on une fraction ?

En mettant le nombre qu'on énonce le premier au-dessus de l'autre, et en les séparant par un trait; ainsi trois quarts s'écrira $\frac{3}{4}$ (*exercice* 301, p. 98).

Qu'indique le nombre inférieur qu'on appelle *dénominateur ?*

Il indique en combien de parties égales l'unité a été divisée; ainsi, dans l'exemple précédent, le nombre 4 indique que la pomme a été partagée en 4 parties égales.

Qu'indique le nombre supérieur appelé *numérateur ?*

Il indique combien l'on prend de ces parties égales; ainsi dans le même exemple, 3 indique que l'on prend 3 quarts de pomme.

Que deviendra une fraction à mesure qu'on augmentera le numérateur ?

La fraction augmentera, puisque l'on prendra un plus grand nombre de ces parties égales, $\frac{3}{4}$ est plus grand que $\frac{1}{4}$ (*exercices* 303-304, p. 99).

Que deviendra une fraction à mesure qu'on augmentera le dénominateur ?

La fraction diminuera, puisque plus il y aura à la pomme de parts égales, plus ces parts deviendront petites. Si l'on partage la pomme en 8 parties égales, au lieu de la partager en 4, $\frac{1}{8}$ sera plus petit que $\frac{1}{4}$ (*exercices* 305-306, p. 99).

Si l'on rend à la fois le numérateur et le dénominateur le même nombre de fois plus grand ou plus petit, que deviendra la fraction ?

La fraction ne changera pas, car si d'un côté en doublant, triplant... le dénominateur, les parts deviennent 2, 3... fois plus petites, de l'autre en doublant, triplant le numérateur, l'on prend 2, 3... fois de ces parties, de sorte qu'il y a compensation. Il revient au même de prendre les $\frac{2}{8}$ de la pomme ou d'en prendre $\frac{1}{4}$.

Le résultat serait le même si au lieu de multiplier l'on avait divisé.

Qu'entendez-vous par réduire plusieurs fractions au même dénominateur?

C'est les convertir en d'autres fractions équivalentes aux premières, mais ayant toutes les mêmes dénominateurs.

Quelle est la règle pour réduire deux fractions données au même dénominateur?

On multiplie les deux termes de la première par le dénominateur de la seconde, et les deux termes de la seconde par le dénominateur de la première (*démonst. et exercices*, p. 104).

Quelle est la règle pour réduire un nombre quelconque de fractions au même dénominateur?

On multiplie les deux termes de chaque fraction par le produit des dénominateurs de toutes les autres (*exercices* 313 et suiv., p. 105).

Qu'entendez-vous par simplifier une fraction?

C'est la convertir en une autre équivalente à la première, mais d'une expression plus simple. Ainsi les $\frac{2}{4}$ de la pomme sont équivalents à sa moitié, ou $\frac{1}{2}$.

Comment fait-on pour simplifier une fraction?

On divise *numérateur et dénominateur*, d'abord par 2 s'ils sont divisibles, et cela autant de fois qu'on peut le faire, puis par 3, puis par 5, etc. On sait, en effet, que cela ne change pas la fraction (*exercices* 312, p. 103).

Quelle est la règle d'addition des fractions?

Il y a deux cas :

1° Si elles ont même dénominateur, on fait la somme des numérateurs, et l'on donne à cette somme pour dénominateur le dénominateur commun (*démonstration*, p. 109).

2° Si elles n'ont pas même dénominateur, on les y réduit d'après la règle donnée plus haut, et l'on opère de la même manière (*exercices* 327 et suiv., p. 109).

Quelle est la règle de soustraction des fractions?

Il y a encore deux cas :

1° Si elles ont même dénominateur, on retranche le numérateur de la plus petite du numérateur de la plus grande, et l'on donne au reste, pour dénominateur, le dénominateur commun.

2° Si elles n'ont pas même dénominateur, on les y réduit d'après la règle, et l'on opère de la même manière (*exercices* 330, p. 110).

Quelle est la règle de multiplication des fractions ?

Il y a deux cas :

1° Si ce sont deux fractions, on multiplie numérateur par numérateur et dénominateur par dénominateur (*démonstration*, p. 113).

2° S'il y a un entier et une fraction, on multiplie l'entier par le numérateur et le dénominateur reste le même.

Quelle est la règle de division des fractions ?

Il y a encore deux cas :

1° Si ce sont deux fractions, on multiplie la fraction dividende par la fraction diviseur renversée (*démonstration*, p. 117).

2° S'il y a un entier et une fraction, l'on multiplie l'entier par le dénominateur et le numérateur ne change pas (*problèmes* 333 et suiv., p. 112).

Qu'appelle-t-on *nombre fractionnaire ?*

C'est un nombre composé d'un entier joint à une fraction.

Qu'est-ce qu'une *expression fractionnaire ?*

C'est une fraction dans laquelle le numérateur est plus grand que le dénominateur.

Quelle est la règle pour convertir un nombre fractionnaire en une expression fractionnaire ?

On multiplie l'entier par le dénominateur; on ajoute à ce produit le numérateur de la fraction, et on donne à la somme ainsi obtenue pour dénominateur le dénominateur de la fraction (*exercices* 374, p. 126 ; *démonstration*, p. 120).

Quelle est la règle pour convertir une expression fractionnaire en un nombre fractionnaire, en d'autres termes pour *extraire les entiers ?*

On divise numérateur par dénominateur, ce qui fait trouver au quotient les entiers; puis on donne pour dénominateur au reste de la division, le diviseur (*exercices* 375, p. 127 ; *démonstration*, p. 121).

Quelle est la règle d'addition des nombres fractionnaires?

On ajoute d'abord les *fractions aux fractions*, puis les entiers aux entiers (*exercices* 376, p. 127).

Quelle est la règle de soustraction des nombres fractionnaires?

On retranche d'abord *fraction de fraction*, puis *entier d'entier* (*exercices* 377, p. 128; *démonstration*, p. 122).

Quelle est la règle de multiplication et de division des nombres fractionnaires?

On commence par les convertir en expressions fractionnaires, puis on opère comme si c'était des fractions, et enfin l'on extrait les entiers et l'on simplifie, s'il y a lieu. *Exemples*: $7\frac{3}{4} \times 5\frac{8}{9}$; $9\frac{5}{6} \times 12\frac{3}{7}$; $8\frac{6}{7} : 4\frac{9}{11}$; $15\frac{8}{13} : 25\frac{13}{18}$.

Quelle est la règle pour convertir une fraction ordinaire en une fraction décimale?

Après avoir écrit au quotient un zéro à la place des unités, puis une virgule; on met un zéro à la droite du numérateur qu'on considère comme dividende, on divise, et le chiffre obtenu au quotient est le chiffre des *dixièmes*; on ajoute un nouveau zéro à la droite du premier reste, ce qui fournit un second dividende, et un second chiffre au quotient qui est celui des *centièmes*. Si à côté du second reste on ajoute un zéro, on obtient un troisième dividende partiel, et par suite, un troisième chiffre au quotient, qui est celui des *millièmes*; ainsi de suite, jusqu'à ce qu'on ait obtenu un reste zéro, et alors la fraction décimale est équivalente à la fraction ordinaire donnée. Convertir $\frac{1}{4}$, $\frac{1}{2}$, $\frac{3}{4}$, $\frac{4}{5}$, $\frac{7}{8}$, $\frac{11}{16}$, $\frac{12}{15}$.

Si la division ne peut pas se faire exactement et qu'il y ait toujours un reste, la fraction décimale est-elle équivalente à la fraction donnée?

Elle ne lui est jamais exactement équivalente; mais plus on pousserait loin la division, plus la fraction décimale se rapprocherait de la fraction ordinaire, sans toutefois jamais l'atteindre. Si l'on s'arrête aux dixièmes, aux centièmes, aux millièmes... la fraction décimale n'égale la fraction ordinaire qu'à un dixième, à un centième, à un millième près (p. 129, *exercices* 379-380; *démonstration*, p. 127).

Que faire pour obtenir le quotient à un demi-dixième, un demi-centième, un demi-millième... ?

On pousse la division une décimale *au-delà* de celle qu'on demande, et si cette dernière décimale est égale à 5 ou plus forte que 5, on augmente d'une unité la décimale à laquelle on s'arrête, sinon on la laisse ce qu'elle est (*démonstr.*, p. 127 ; *exercices* 381, p. 130).

SYSTÈME MÉTRIQUE.

Qu'entendez-vous par système métrique ?

C'est l'ensemble des mesures usitées en France avec leurs multiples et sous-multiples.

Quelle est, dans ce système, l'unité de mesure fondamentale d'où toutes les autres dérivent ?

C'est le mètre.

Qu'est-ce que le mètre ?

C'est *la dix-millionième partie du quart du méridien terrestre.*

Combien y a-t-il d'unités de mesure ?

Il y en a six (*Récitez le tableau*, p. 134).

Qu'entendez-vous par *multiples* ?

Ce sont les mesures qui sont 10, 100, 1000 fois plus grandes que l'unité principale, et que l'on désigne par les mots tirés du grec *déca, hecto, kilo, myria.*

Qu'entendez-vous par *sous-multiples* ?

Ce sont les mesures qui sont 10, 100, 1000 fois plus petites que l'unité principale, et qui sont désignées par les mots tirés du latin *déci, centi, milli.*

Quels sont les multiples et sous-multiples usités ?

(*Récitez le tableau*, p. 136-137, 1re colonne).

Comment vont les multiples et les sous-multiples pour le mètre, le litre et le gramme ?

Ils vont de 10 en 10 : le myria- vaut 10 kilo- ; le kilo- vaut 10 hecto- ; l'hecto- vaut 10 déca- ; le déca- vaut 10 unités ; l'unité vaut 10 déci- ; le déci- vaut 10 centi-, le centi- vaut 10 milli-.

A quels ordres correspond, dans la numération décimale, chacun de ces multiples et sous-multiples ?

Le myria correspond aux dizaines de mille, le kilo aux unités de mille, l'hecto aux centaines, le déca aux dizaines, le déci aux dixièmes, le centi aux centièmes, le milli aux millièmes.

(*A l'aide du tableau d'initiales*, p. 132, *répondre aux questions 384-389 et faire les exercices 390-398*).

Qu'est-ce que le mètre carré ?

C'est la surface d'un carré qui a 1 mètre de largeur et 1 mètre de hauteur.

Comment vont les multiples et sous-multiples pour les surfaces ?

Ils vont de 100 en 100 : le mètre carré vaut 100 décimètres carrés (*démonstration*, p. 138), le décimètre carré vaut 100 centimètres carrés, le centimètre carré vaut 100 millimètres carrés.

Que suit-il de là ?

Il suit de là que, pour écrire des décimètres carrés, il faudra, après la virgule, une tranche de 2 chiffres, de 4 pour les centimètres carrés, de 6 pour les millimètres carrés (*exercices* 403, p. 141). (Montrer sur la figure 1, p. 139, la différence qu'il y a entre un *dixième* du mètre carré et un *décimètre carré*, entre un *centième* du mètre carré et un *centimètre carré*).

Qu'est-ce que l'hectare relativement au mètre carré ?

L'hectare valant 100 ares et l'are valant 100 mètres carrés (ou 100 centiares), l'hectare vaudra 100 fois cent ou 10000 *mètres carrés* (*exercices* 399-411, p. 139).

Qu'est-ce que le mètre cube ?

Le mètre cube est un solide qui a 1 mètre de largeur, 1 mètre de hauteur et 1 mètre d'épaisseur.

Comment vont les multiples et sous-multiples pour les solides ?

Ils vont de 1000 en 1000. Le mètre cube vaut 1000 décimètres cubes (*démonstration*, p. 142); le décimètre cube vaut 1000 centimètres cubes, le centimètre cube vaut 1000 millimètres cubes.

Que suit-il de là ?

Il suit de là que, pour écrire des décimètres cubes, il faudra, après la virgule, une tranche de 3 chiffres, de 6 pour les centimètres cubes, de 9 pour les millimètres cubes (*exercices* 416, p. 144).

(Montrez sur la figure 2 la différence qu'il y a entre *le dixième* du mètre cube et le *décimètre cube*).

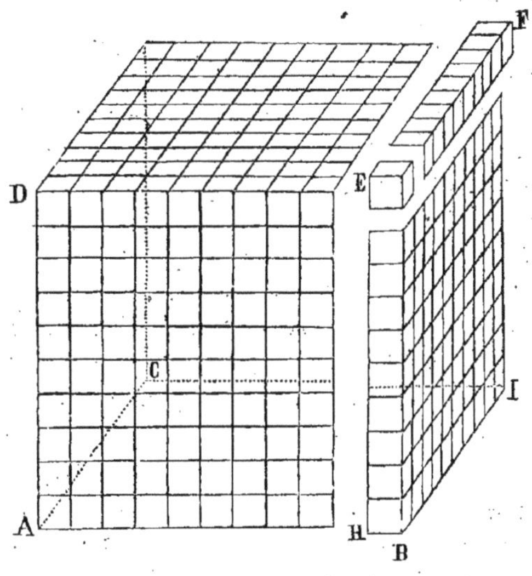

Fig. 2.

(Le litre étant un décimètre cube, montrez sur la même figure 2 la valeur du litre, du décalitre, de l'hectolitre, du kilolitre).

Le centimètre cube d'eau distillée pesant 1 gramme, que pèsera le décimètre cube qui est 1000 fois plus grand?

Il pèsera 1000 fois plus ou 1 kilogramme; par suite, le litre, qui est le poids d'un décimètre cube, pèsera 1 kilog., le décalitre pèsera 10 kilog. et le kilolitre pèsera 1000 kilog.

Que conclure de là?

Que, connaissant le poids d'une masse d'eau, on connaîtra son volume, car autant il y aura de kilogrammes, autant il y aura de décimètres cubes.

Et réciproquement, si l'on connaît le volume d'une masse d'eau exprimé en décimètres cubes, que connaîtra-t-on?

On connaîtra son poids, car autant il y aura de décimètres cubes, autant elle pèsera de kilogrammes (*exercices* 424–431, p. 145).

Quelle est la forme et la valeur des poids?

(*Réciter le tableau*, p. 150).

Qu'est-ce que *le titre* des monnaies?

C'est la quantité d'or ou d'argent pur qui y est contenu. Elle est de $\frac{9}{10}$, c'est-à-dire que sur 10 parties il y en a 9 de métal pur et 1 de cuivre.

Quelle est la règle pour trouver la quantité de métal pur contenue dans une somme d'or ou d'argent?

On cherche d'abord le poids de cette somme, puis on en prend les $\frac{9}{10}$, ce qui revient à *multiplier le titre par le poids* (*exercices* 447, p. 151). (*Réciter le tableau*, p. 151.)

N'y a-t-il pas d'autre titre que celui des monnaies qui est de $\frac{9}{10} = 0,9 = 0,900$?

Il y en a deux autres pour les ouvrages d'argent : 0,920, 0,840.

Et trois pour les ouvrages d'or : 0,920; 0,840; 0,750.

Quel est le diamètre des pièces de monnaie?

(*Réciter le tableau*, p. 154).

Connaissant le poids d'une somme d'argent, comment connaître sa valeur?

En divisant par cinq : car, puisque le franc pèse 5 grammes, autant de fois 5 y sera contenu, autant il y aura de francs.

Connaissant la valeur d'une somme d'argent, comment connaître son poids?

En multipliant par 5 : car puisque 1 franc pèse 5 grammes,

autant il y aura de francs, autant de fois il y aura 5 grammes (*exercices* 432 et suiv., p. 147).

Comment le franc se rapporte-t-il au mètre?

1° Par son diamètre qui est de 23 *millimètres* ; 2° par son poids, puisqu'il pèse 5 grammes et que le gramme est le poids d'un *centimètre* cube d'eau.

Quels sont les avantages du nouveau système?

Ils sont au nombre de quatre : 1° l'unité ; 2° la simplicité ; 3° la fixité ; 4° l'universalité (*problèmes* 454 et suiv., p. 152).

RÈGLE DE TROIS.

Qu'est-ce que la règle de trois simple?

C'est une règle, au moyen de laquelle trois termes étant connus, on trouve le quatrième.

Donnez des exemples et exposez la règle pratique.

1ᵉʳ *Exemple.* — 20 ouvriers ont fait 50 mètres d'ouvrage en un certain temps ; on demande combien 100 ouvriers en feraient dans le même temps.

Il est évident que *plus* il y aura d'ouvriers *plus* ils feront de mètres d'ouvrage.

RÈGLE. — Toutes les fois qu'on peut dire *plus*, *plus*, la règle où le rapport est dit *direct*, et voici comment on procède : l'on met dans la même colonne, les ouvriers avec les ouvriers, les mètres avec les mètres.

$$20 \text{ ouvriers,} \quad 50 \text{ mètres}$$
$$100 \quad\text{—}\quad x$$

et l'on fait le tableau suivant, dit *tableau de réduction à l'unité* :

Si 20 ouvriers ont fait. 50ᵐ

   1 — en fera   20 fois moins. . . $\frac{50}{20}$

Et 100 — en feront 100 fois plus. . . $50 \times \frac{100}{20}$

2ᵉ *Exemple.* — 20 ouvriers ont mis 50 jours pour faire un certain ouvrage ; on demande combien de jours mettraient 100 ouvriers pour faire le même ouvrage.

Il est évident que *plus* il y aura d'ouvriers *moins* ils mettront de temps pour faire le même ouvrage.

Règle. — Dans cet exemple il faut dire *plus, moins;* par conséquent, la règle ou le rapport est dit indirect ou *inverse,* et les colonnes étant faites

$$20 \text{ ouvriers } 50 \text{ j.}$$
$$100 \quad - \quad x$$

on a le tableau suivant :

Si 20 ouvriers ont mis pour faire un ouvrage 50 j.
     1   —   en mettra 20 fois plus. . . . 50×20
Et 100   —   en mettront 100 fois moins. . $50 \times \frac{20}{100}$
(*problèmes* 494 et suiv., p. 166).

Qu'est-ce que la règle de trois composée ?
C'est une règle, où il entre plusieurs règles de trois simples.
Comment opère-t-on dans ce cas ?
Règle. — On fait d'abord les colonnes, puis on les prend deux par deux, *par ordre d'importance,* en ayant soin de faire entrer toujours en ligne de compte la colonne qui renferme x.
(*Exemples,* p. 172-174; *problèmes* 517 et suiv.).

RÈGLE D'INTÉRÊT.

Qu'est-ce que la règle d'intérêt ?
C'est une règle qui a pour but de calculer le *bénéfice* que rapporte une certaine somme d'argent prêtée.
A quelles conditions prête-t-on ordinairement ?
On prête *pour un certain temps,* exprimé en années ou en mois ou en jours, et *à un certain taux,* cinq pour cent (5 °/₀), six pour cent (6 °/₀); ce qui veut dire qu'autant de fois il y aura 100 francs dans le capital prêté, autant de fois on retirera 5 francs ou 6 francs en sus de la somme prêtée, au bout de l'an.
Combien de choses y a-t-il donc à considérer dans les règles d'intérêt ?
Quatre : 1º l'intérêt; 2º le taux qui est l'intérêt de 100 fr.; 3º le capital; 4º le temps. D'où quatre sortes de problèmes,

suivant que l'on demande l'une ou l'autre de ces quatre choses.

Comment résout-on ces problèmes ?

Comme des règles de trois, en faisant d'abord les colonnes.

Quel est le procédé pratique le plus court pour trouver l'intérêt d'une somme placée à 5 %/₀ pour 1 an ?

On *supprime le dernier chiffre si c'est un zéro, sinon on le sépare par une virgule, puis on prend la moitié de ce qui reste.* Cela revient en effet à diviser le nombre d'abord par 10, puis par 2, c'est-à-dire par 20, ce qu'il fallait faire, puisque 5 francs est le $\frac{1}{20}$ de 100 francs.

Si l'intérêt était demandé pour plusieurs années 2, 3, 4... que faudrait-il faire ?

Une fois qu'on aurait trouvé l'intérêt d'une année, on multiplierait par 2, 3, 4...

Si le temps était exprimé en mois 5, 7, 15... par exemple, que faire ?

On chercherait encore l'intérêt d'un an, puis en divisant par 12 on aura l'intérêt d'un mois, et l'on multiplierait ensuite par 5, 7, 15...

Que faire si le temps était exprimé en jours 60, 90... par exemple ?

On chercherait encore l'intérêt d'un an, puis en divisant par 360, l'on aurait l'intérêt d'un jour, et il n'y aurait plus qu'à multiplier par 60, 90...

Enfin si le taux, au lieu d'être à 5 %/₀, était à 6, à $4\frac{1}{2}$, à 3... %/₀, quelle serait la règle ?

On multiplierait le capital par 6, par $4\frac{1}{2}$, par 3... puis en divisant par 100, c'est-à-dire en séparant les deux derniers chiffres, on aurait l'intérêt d'un an sur lequel on pourrait opérer comme tout à l'heure pour avoir l'intérêt de 5, 7, 15 mois, ou de 60, 90 jours (*démonstration*, p. 178 ; *problèmes* 546 et suiv.).

RÈGLE D'ESCOMPTE.

Qu'est-ce que l'escompte?

On appelle escompte la *retenue* que fait le banquier sur le montant d'un billet qu'on lui présente à acquitter avant l'échéance.

Combien de sortes d'escompte y a- t-il?

Il y en a de deux sortes : l'escompte *en dedans* et l'escompte *en dehors*.

Quelle différence y a-t-il entre ces deux escomptes?

Supposez que l'on prête une somme de 1000 francs payables dans un an à 6 %; les intérêts pour un an étant de 60 francs, l'emprunteur souscrira un billet, non de 1000 francs, mais de 1060 francs; et si le même jour, le prêteur, par besoin d'argent, se présente chez un banquier, celui-ci ne lui retiendra pas seulement les 60 francs d'intérêt (ce qui serait l'escompte en dedans), mais encore les intérêts de ces 60 francs, c'est-à-dire les intérêts de toute la somme portée sur le billet. Il y a donc cette différence entre les deux escomptes que, dans l'escompte en dedans, on retient seulement les intérêts de la somme prêtée, et dans l'escompte en dehors on retient de plus les intérêts des intérêts.

Comment calcule-t-on l'escompte en dehors qui est le seul usité dans le commerce?

On calcule les intérêts de toute la somme portée sur le billet, d'après la règle d'intérêt (193), puis on les retranche de cette somme elle-même.

Quel est le procédé pratique le plus court employé dans le commerce?

On multiplie la somme portée sur le billet par le nombre de jours qui restent à courir jusqu'à l'échéance, puis on divise ce produit par 6000 (*exercices* 592, p. 195).

RÈGLE DE SOCIÉTÉ ET DE PARTAGE.

Qu'est-ce que la règle de société ?

C'est une règle qui a pour but de partager entre plusieurs personnes qui se sont associées pour une exploitation ou pour une industrie, la perte ou le gain qui est résulté de leur association, d'une manière proportionnelle à la mise que chacun a apportée.

Quelle est la règle pratique pour trouver la part de gain ou de perte de chaque sociétaire ?

On fait la somme des mises, puis on multiplie la mise de chaque associé par le gain total ou la perte totale, et l'on divise ce produit par la somme des mises (*exercices* 607, p. 199).

FIN.

TABLE DES MATIÈRES.

LIVRE PREMIER.

Notions préliminaires. 1
1re Leçon.   — § 1er Numération parlée. 2
   —   — § 2e Numération écrite. 9
   —   — 1re *Question*. — Enoncer un nombre écrit.. . 11
   —   — 2e *Question*. — Écrire un nombre énoncé . 12
IIe Leçon.   — Addition. 14
   —   — Soustraction.. 19
IIIe Leçon.   — Multiplication. 23
   —   — *Principe*. — Le produit de plusieurs facteurs
                    ne change pas, etc. 32
IVe Leçon.   — Division. 36

LIVRE II.

Ve Leçon.   — Nombres décimaux. 53
   —   — Principes des nombres décimaux. . . . 58
   —   — § 1er Addition des nombres décimaux. . . 61
   —   — § 2e Soustraction des nombres décimaux. . 63
VIe Leçon.   — § 3e Multiplication des nombres décimaux. . 64
   —   — § 4e Division des nombres décimaux. . . . 67
VIIe Leçon.   — § 1er Addition approchée.. 71
   —   — § 2e Soustraction approchée.. 73
   —   — § 3e Produits apppochés. 74
   —   — § 4e Quotients approchés.. 79

LIVRE III.

VIIIe Leçon.	— Propriétés des nombres premiers..	82
—	— 1er Caractère de divisibilité par 2.	83
—	— 2e Caractère — par 5.	84
—	— 3e Caractère — par 4.	84
—	— 4e Caractère — par 8.	85
—	— 5e Caractère — par 9 et par 3. .	85
—	— Preuve par 9 de la multipl. et de la division.	87
IXe Leçon.	— Recherche du plus grand commun diviseur de 2 nombres.	89
—	— Décomposition d'un nombre en ses facteurs 1ers.	94
—	— Trouver le p. gr. c. d. entre plusieurs nombres..	95
—	— Trouver le plus petit nombre divisible, etc. .	96

LIVRE IV.

Xe Leçon.	— § 1er Fractions ordinaires..	98
—	— § 2e Simplification des fractions.	102
—	— § 3e Réduction des fractions au même dénominateur.	103
XI Leçon.	— § 4e Addition des fractions. ..	108
—	— § 5e Soustraction des fractions.	110
—	— § 6e Multiplication des fractions. .	111
—	— Fractions de fractions..	114
—	— § 7e Division des fractions.	115
XIIe Leçon.	— Autre manière de considérer les fractions. .	118
—	— § 8e Conversion des nombres fractionnaires en expressions fractionnaires et réciproquement.	119
—	— § 9e Opérations sur les nombres fractionnaires	121
XIIIe Leçon.	— § 10e Conversion des fractions ordinaires en fractions décimales..	124
—	— § 11e Recherche de la fraction ordinaire génératrice..	129

LIVRE V.

XIVᵉ Leçon. — Système métrique.. 132
XVᵉ Leçon. — Remarques sur les mesures de surface. . . 138
—   —   — sur les mesures de solidité. . 142
—   —   — sur les poids.. 147
—   — Relation entre les mesures de poids et de capacité.. 148
—   — Remarques sur les monnaies. 151
—   — Avantages du nouveau système. 156
—   — Notions historiques du mètre.. 158

LIVRE VI.

XVIᵉ Leçon. — Des rapports. 159
—   — Des rapports égaux. 162
XVIIᵉ Leçon. — Règle de trois simple.. 166
—   — Règle de trois composée. 170
XVIIIᵉ Leçon. — Règle d'intérêt. 176
—   — On demande l'intérêt. 178
—   —   — le capital.. 179
—   —   — le taux. 181
—   —   — le temps.. 182
XIXᵉ Leçon. — Echéance moyenne. 185
—   — Sur les rentes. 188
XXᵉ Leçon. — Intérêt composé. 192
—   — Règle d'escompte. 195
—   — Règle de partage 199
XXIᵉ Leçon. — Règle de société simple. 202
—   — Règle de société composée. 204
—   — Règle des moyennes. 205
XXIIᵉ Leçon. — Règle de mélange et d'alliage. 207
     Appendice. — Extraction de la racine carrée. 213
     Questionnaire à l'usage des commençants. . 233

FIN DE LA TABLE DES MATIÈRES.

TOULOUSE. — Typographie Bonnal et Gibrac, rue Saint-Rome, 46.

www.ingramcontent.com/pod-product-compliance
Ingram Content Group UK Ltd.
Pitfield, Milton Keynes, MK11 3LW, UK
UKHW022329090726
13658UKWH00001B/160